电力电缆带电检测技术及应用

内蒙古电力（集团）有限责任公司内蒙古电力科学研究院分公司 组织编写

付文光 寇正 郭红兵 主编

中国水利水电出版社

www.waterpub.com.cn

·北京·

内 容 提 要

本书主要介绍了与电力电缆带电检测相关的电力电缆运检基础知识，详细介绍了电力电缆运检中的各类带电检测技术，着重对电力电缆的局部放电检测、封铅涡流法探伤检测、外护套接地电流检测进行了理论和现场测试分析，最后对现场检测的典型案例进行了剖析。

本书理论联系实际，可为电力行业电力电缆运维、检修专业人员提供带电检测理论和现场检测技术指导，为新从业人员提高技术水平提供学习参考，也可以为专业管理人员提供参考。

图书在版编目（ＣＩＰ）数据

电力电缆带电检测技术及应用 / 付文光，寇正，郭
红兵主编；内蒙古电力（集团）有限责任公司内蒙古电
力科学研究院分公司组织编写. -- 北京 ：中国水利水电
出版社，2021.11
ISBN 978-7-5170-9270-4

Ⅰ．①电… Ⅱ．①付… ②寇… ③郭… ④内… Ⅲ.
①电力电缆－带电测量 Ⅳ．①TM247

中国版本图书馆CIP数据核字(2021)第226017号

书　　名	**电力电缆带电检测技术及应用** DIANLI DIANLAN DAIDIAN JIANCE JISHU JI YINGYONG
作　　者	内蒙古电力（集团）有限责任公司 内蒙古电力科学研究院分公司　组织编写 付文光　寇　正　郭红兵　主编
出版发行	中国水利水电出版社 （北京市海淀区玉渊潭南路 1 号 D 座　100038） 网址：www.waterpub.com.cn E-mail：sales@waterpub.com.cn 电话：(010) 68367658（营销中心）
经　　售	北京科水图书销售中心（零售） 电话：(010) 88383994、63202643、68545874 全国各地新华书店和相关出版物销售网点
排　　版	中国水利水电出版社微机排版中心
印　　刷	清淞永业（天津）印刷有限公司
规　　格	140mm×203mm　32 开本　5.125 印张　137 千字
版　　次	2021 年 11 月第 1 版　2021 年 11 月第 1 次印刷
印　　数	0001—2000 册
定　　价	**85.00 元**

《电力电缆带电检测技术及应用》
编　委　会

主　编　付文光　寇　正　郭红兵

参　编　杨　玥　荀　华　郑　璐　赵夏瑶

　　　　张建英　姜　涛　樊子铭　胡耀东

　　　　杨舒畅　燕宝峰　陈　波　韩　磊

　　　　康　琪　张　艳　徐　宇

主　审　刘志林　杨　军

随着社会不断发展，我国城市化水平不断提高，电力电缆对于城市与工业输配电的重要性越来越强，在城市电网中电力电缆扮演着越来越重要的角色。运行中的电缆线路中，电压等级为 110kV、220kV 的电缆已经成为主流。同时，随着电力电缆的使用场景越来越多，运行环境越来越复杂，部分电缆及其附件在电、热、环境和机械等应力的长期作用之下，电气性能逐步下降，电力电缆在运行中出现缺陷的概率也随之提高，因此对电力电缆进行带电检测的手段也必须进行同步跟进。

设备制造水平的不断提高以及检测方法的不断更新，要求电力电缆的特定检测方法必须具备更高的准确性，同时也对从业人员知识储备和现场工作经验积累提出了新的要求。

本书将电力电缆带电检测理论和现场实践相结合，作为知识普及、检测技术指导、诊断分析用书，重点对电力电缆结构特点，现场行之有效的局部放电检测、封铅涡流法探伤检测、外护套接地电流检测的理论和方法进行了详细阐述，最后通过现场检测典型案例加强对检测方法的理解和检测实践的指导。

在本书编写过程中，杨舒畅老师做了大量文字工作，程序、黄文庆、李根强等检测专家提供了理论和实践方面的指导，在此一并表示感谢！

由于作者学识水平有限，书中难免出现不妥和疏漏之处，敬请读者批评指正。

作者

2021 年 4 月

目 录

第1章
概　述

1.1　电力电缆概述

1.1.1　电力电缆的发展

电缆使用至今已有百余年历史，电缆制造业由最初的低压电缆制造转向高压电缆甚至是超高压电缆的制造。我国电缆研发起步较晚，经历了路灯电缆、铅护套纸绝缘电缆、油纸绝缘电缆、充油电缆、滴干型油浸纸绝缘电缆、XLPE绝缘电缆几个阶段，在进入21世纪以后，发展十分迅速。

电力电缆是用以传输电（磁）能的基础产品，被喻为国民经济的"血管"与"神经"，是未来实现信息化社会、智能化社会的基石之一。

1.1.2　电力电缆线路的特点

传送电能的线路有架空导线线路和电力电缆线路两种。架空导线与电力电缆相比，各有其优点。架空导线线路具有结构简单、制造方便、造价便宜、施工容易和便于检修等优点。而电力电缆线路一般埋于土壤或敷设于管道、沟道、隧道中，不用杆塔，占用地面和空间少；受气候和周围环境条件的影响小，供电可靠，安全性高，运行简单、方便，维护费用低，市容整齐美观。

电力电缆线路的特点具体体现在以下几个方面：

（1）由于城市的发展，使得城市的用电密度增高，用电量越来越大。架空导线又受到大城市地面、空间、环境保护以及安全的限制，因此输、配电线路只能采用电缆进入地下，并发展成为电缆配电网络。即使是在中等城市，采用地下电力电缆线路来代替架空导线线路的，也日渐增多。

（2）一些发电厂、变电所特别是水电站，由于受地形、环境和建筑的限制，使得进出线走廊拥挤，或者架空线路方案难于实施，因此只得采用电力电缆线路作为进出线或电站内部的联络线路。

（3）输电线路跨越江、河、湖、海峡等而不能用架空导线时，采用在桥上或水底敷设电力电缆的也越来越多。

（4）现代化的工厂、矿山企业及大型体育场馆、饭店、交通单位等用电量是很大的，这些场所的配电线路和对厂内机器设备的供电，都需要采用电缆线路，而且电力电缆的需用量是很大的。

1.1.3　电力电缆在不同电压等级的应用

我国输电与配电电压等级划分为：220V/380V、3kV、6kV、10kV、35kV、110kV、220kV、330kV、500kV 等，并划分为输电电压与配电电压两类。

按照原能源部和建设部联合颁布的《联合电力网规划导则》规定，将配电电压划分为：

高压配电电压，电压等级为 35～110kV；中压配电电压，电压等级为 10kV；低压配电电压，电压等级为 380V/220V。按照输电技术特点，输电电压等级划分为三级：特高压输电电压，电压等级为 1000kV 以上；超高压输电电压，电压等级为 330kV 及以上；高压输电电压，电压等级为 220kV。

输、配电用的电缆称为电力电缆，电力电缆的电压等级依照输、配电电压等级划分。不过，按工程实践习惯，通常把 35kV 及以下电压等级的电缆称为中低压电缆，而把 110kV 及以上电压等级的电缆称为高压电缆。

我国交流发电机及变压器的额定电压为 3.15kV、6.3kV、10.5kV、15.7kV、18kV、20kV 等，变压器尚有 35kV 及以上电压。因此电力电缆为适应这类设备引出线的需要还生产了6kV、15kV、20kV、35kV、110kV 等电压等级的电缆。

油浸纸绝缘电力电缆生产和使用历史最长，它具有使用寿命长、电性能良好、热稳定性高等优点，适用于各种电压等级，低压可用在 1kV 及以下，高压已用于 500kV 的输电线路中，如 330kV 高压充油电缆已应用于我国西北地区；而世界上第一条连接欧洲与非洲从西班牙到摩洛哥的 400kV 电缆线路已于 1998 年开始运行。

塑料绝缘电力电缆的电气性能虽然不如油浸纸绝缘电力电缆优良，但其制造工艺简单，重量轻而柔软，没有敷设落差的限制，电缆的施工、维护比较简单，且具有抗化学腐蚀的性能，因而在 35kV 及以下电压等级中是油浸纸绝缘电力电缆更新换代的主流产品。其中，聚氯乙烯绝缘电缆，由于介质损失大，在较高电压下运行不经济，因此主要用在 1kV 及以下的配电线路上。交联聚乙烯绝缘电缆的电气绝缘性能优良，特别是具有较高的热稳定性，长期允许工作温度可达 90℃，因此当电压等级较高时，电缆经济效果特别显著，国内已大量用于 220kV 及以下输、配电线路中。

对于橡胶电力电缆，由于其柔性较好，运行维护很方便，适用于 35kV 及以下的线路中，特别适用于矿山、船舶等场所以及其他经常移动的电气设备。

1.1.4　电力电缆的种类

随着科学技术的进步，新材料、新工艺的不断出现，新型电缆的电压等级逐渐增高，电缆的品种越来越多。电力电缆可以有多种分类方法，如按电压等级分类、按导体标称截面积分类、按导体芯数分类、按绝缘材料分类等。

1. 按电压等级分类

电力电缆都是按一定电压等级制造的，由于绝缘材料及运行情况不同，使用于不同的电压等级。目前我国常用电缆产品的电压等级包括 0.6kV/1kV、1kV/1kV、3.6kV/6kV、6kV/

6kV、6kV/10kV、8.7kV/10kV、8.7kV/15kV、12kV/15kV、12kV/20kV、18kV/20kV、18kV/30kV、21kV/35kV、26kV/35kV、36kV/63kV、48kV/63kV、64kV/110kV、127kV/220kV、190kV/330kV、290kV/500kV 共19种。

电压等级有两个数值，用斜杠分开，斜杠前的数值是相电压值，斜杠后的数值是线电压值。常用电缆的电压等级 U_0/U 为 0.6kV/1kV、3.6kV/6kV、6kV/10kV、21kV/35kV、36kV/63kV、64kV/110kV，这种电压等级的电缆适用于每次接地故障持续时间不超过1min的三相系统，而电压等级 U_0/U 为 1kV/1kV、6kV/6kV、8.7kV/10kV、26kV/35kV、48kV/63kV 的电缆适用于每次接地故障持续时间一般不超过2h、最长不超过8h的三相系统。在选择使用电缆时应特别注意。

从施工技术要求、电缆中间接头、电缆终端结构特征及运行维护等方面考虑，也可以依据电压这样分类：①低电压电力电缆（1kV）；②中电压电力电缆（6～35kV）；③高电压电力电缆（110～500kV）。

2. 按导体标称截面积分类

电力电缆的导体是按一定等级的标称截面积制造的。这样既便于制造，也便于施工。

我国常用电力电缆标称截面积系列包括 1.5mm²、2.5mm²、4mm²、6mm²、10mm²、16mm²、25mm²、35mm²、50mm²、70mm²、95mm²、120mm²、150mm²、185mm²、240mm²、300mm²、400mm²、500mm²、630mm²、800mm²、1000mm²、1200mm²、1400mm²、1600mm²、1800mm²、2000mm²，共26种。高压充油电力电缆标称截面积系列包括 240mm²、300mm²、400mm²、500mm²、630mm²、800mm²、1000mm²、1200mm²、1600mm²、2000mm²，共10种。

3. 按导体芯数分类

电力电缆导体芯数有单芯、二芯、三芯、四芯和五芯共5种。单芯电缆通常用于传送单相交流电、直流电，也可在特殊

4

场合使用（如高压电机引出线等），一般高压、中低压大截面的电力电缆和高压充油电缆多为单芯。二芯电缆多用于传送单相交流电或直流电。三芯电缆主要用于三相交流电网中，在 3kV 及以下各种中小截面的电缆线路中得到广泛的应用。

四芯和五芯电缆多用于低压配电线路。只有电压等级为 1kV 电缆的导体芯数才有二芯、四芯和五芯。

4. 按绝缘材料分类

（1）挤包绝缘电力电缆。挤包绝缘电力电缆包括聚氯乙烯绝缘电力电缆、交联聚乙烯绝缘电力电缆、聚乙烯绝缘电力电缆、橡胶绝缘电力电缆、阻燃电力电缆、耐火电力电缆、架空绝缘电缆。挤包绝缘电力电缆制造工艺简单，重量轻，终端和中间接头制作容易，弯曲半径小，敷设简单，维护方便，并具有耐化学腐蚀和一定的耐水性能，适用于高落差和垂直敷设。聚氯乙烯绝缘电力电缆、聚乙烯绝缘电力电缆一般多用于 10kV 及以下的电缆线路中，交联聚乙烯绝缘电力电缆多用于 6kV 及以上的电缆线路中，橡胶绝缘电力电缆主要用于发电厂、变电站、工厂企业内部的连接线，目前应用最多的还是 0.6kV/1kV 级的电缆产品。

（2）油浸纸绝缘电力电缆。油浸纸绝缘电力电缆是历史最悠久、应用最广泛和最常用的一种电缆。由于其成本低，寿命长，耐热、耐电性能稳定，在各种电压特别是在高电压等级的电缆线路中被广泛采用。油浸纸绝缘电力电缆的绝缘是一种复合绝缘，它是以纸为主要绝缘体，用绝缘浸渍剂充分浸渍制成的。根据浸渍情况和绝缘结构的不同，油浸纸绝缘电力电缆又可分为下列几种：

1）普通黏性油浸纸绝缘电缆。它是一般常用的油浸纸绝缘电缆，电缆的浸渍剂是由低压电缆油和松香混合而成的黏性浸渍剂。根据结构不同，这种电缆又分为统包型电缆、分相铅（铝）包型电缆和分相屏蔽型电缆。统包型电缆的多线芯共用一个金属护套。分相屏蔽型电缆的导体分别加屏蔽层，并共用一个金属护套。后两种电缆多用于 20～35kV 电压等级。

2）滴干绝缘电缆。它是绝缘层厚度增加的黏性浸渍纸绝缘电缆，浸渍后经过滴出浸渍剂制成。滴干绝缘电缆适用于 10kV及以下电压等级和落差较大的场合。目前很少采用。

3）不滴流油浸纸绝缘电缆。它的构造、尺寸与普通黏性油浸纸绝缘电缆相同，但用不滴流浸渍剂浸渍制造。不滴流浸渍剂是低压电缆油和某些塑料及合成地蜡的混合物。不滴流油浸纸绝缘电缆适用于 35kV 及以下高落差电缆线路，以及热带地区。

4）油压油浸纸绝缘电缆。它包括自容式充油电缆和钢管充油电缆。电缆的浸渍剂，一般为低黏度的电缆油。充油电缆适用于 110kV 以及更高电压等级的电缆线路中。

5）气压油浸纸绝缘电缆。它包括自容式充气电缆和钢管充气电缆，多用于 35kV 及以上电压等级的电缆线路中。

1.1.5 电力电缆的型号

1. 35kV 及以下电力电缆型号及产品表示方法

（1）用汉语拼音第一个字母的大写表示绝缘种类、导体材料、内护层材料和结构特点。如用 Z 代表纸（zhi）；L 代表铝（lü）；Q 代表铅（qian）；F 代表分相（fen）；ZR 代表阻燃（zuran）；NH 代表耐火（naihuo）。各种代号见表 1.1-1。

表 1.1-1 电力电缆型号各部分的代号及其含义

绝缘种类		导体材料		内护层		特征		铠装层	外被层
代号	含意	代号	含意	代号	含意	代号	含意	第一位数字	第二位数字
V	聚氯乙烯	L	铝	V	聚氯乙烯护套	D	不滴流	0—无	0—无
X	橡胶	T	铜	Y	聚乙烯护套	F	分相	2—钢带	1—纤维外被
Y	聚乙烯			L	铝护套	CY	充油	3—细钢丝	2—聚氯乙烯护套
YJ	交联聚乙烯			Q	铅护套	P	贫油干绝缘	4—粗钢丝	3—聚乙烯护套
Z	纸			H	橡胶护套	P	屏蔽		
				F	氯丁橡胶护套	Z	直流		

注 阻燃电缆在代号前加 ZR；耐火电缆在代号前加 NH。

（2）用数字表示外护层构成，包括两位数字。无数字代表无铠装层，无外被层。第一位数表示铠装，第二位数表示外被层，例如粗钢丝铠装纤维外被层表示为 41。

（3）电缆型号按电缆结构的排列一般依下列次序表示：绝缘材料——导体材料——内护层——外护层。

（4）电缆产品用型号、额定电压和规格表示。其方法是在型号后再加上说明额定电压、芯数和标称截面积的阿拉伯数字。例如：

1）××××-10 3×240 表示额定电压为 10kV、三芯、每芯标称截面积为 240mm²。

2）VV42-10 3×50 表示铜芯、聚氯乙烯绝缘、粗钢线铠装、聚氯乙烯护套、额定电压 10kV、三芯、标称截面积为 50mm² 的电力电缆。

3）YJV32-1 3×150 表示铜芯、交联聚乙烯绝缘、细钢丝铠装、聚氯乙烯护套、额定电压 1kV、三芯、标称截面积为 150mm² 电力电缆。

4）ZLQ02-10 3×70 表示铝芯、纸绝缘、铅护套、无铠装、聚氯乙烯护套、额定电压 10kV、三芯、标称截面积为 70mm² 的电力电缆。

2. 充油电缆型号及产品表示方法

充油电缆型号由产品系列代号和电缆结构各部分代号组成。自容式充油电缆产品系列代号为 CY。外护层结构从里到外用加强层、铠装层、外被层的代号组合表示。外护层代号见表 1.1-2，绝缘类别、导体、内护层代号及各代号的排列次序以及产品的表示方法与 35kV 及以下电力电缆相同。

例如，CYZQ102-220/1×400 表示铜芯、纸绝缘、铅护套、铜带径向加强、无铠装、聚氯乙烯护套、额定电压 220kV、单芯、标称截面积为 400mm² 的自容式充油电缆。

表 1.1-2　　　　　　充油电缆外护层代号的含意

加　强　层		铠　装　层		外　被　层	
代号	含　意	代号	含意	代号	含　意
1	铜带径向加强	0	无铠装	1	纤维层
2	不锈钢带径向加强	2	钢带	2	聚氯乙烯护套
3	铜带径向窄铜带纵向加强	4	粗钢丝	3	聚乙烯护套
4	不锈钢带径向窄不锈钢带纵向加强				

3. 聚氯乙烯绝缘、交联聚乙烯绝缘电力电缆型号及产品表示方法

（1）聚氯乙烯绝缘电力电缆的型号、规格见表 1.1-3、表 1.1-4。

表 1.1-3　　　　　　聚氯乙烯绝缘电力电缆的型号

型　号		名　称	敷　设　场　合
铜芯	铝芯		
VV	VLV	聚氯乙烯绝缘聚氯乙烯护套电力电缆	可敷设在室内、隧道、电缆沟、管道及严重腐蚀地方，不能承受机械外力作用
VY	VLY	聚氯乙烯绝缘聚乙烯护套电力电缆	可敷设在室内、管道、电缆沟及严重腐蚀地方，不能承受机械外力作用
VV22	VLV22	聚氯乙烯绝缘钢带铠装聚氯乙烯护套电力电缆	可敷设在室内、隧道、电缆沟、地下及严重腐蚀地方，不能承受拉力作用
VV23	VLV23	聚氯乙烯绝缘钢带铠装聚乙烯护套电力电缆	可敷设在室内、电缆沟、地下及严重腐蚀地方，不能承受拉力作用
VV32	VLV32	聚氯乙烯绝缘细钢丝铠装聚氯乙烯护套电力电缆	可敷设在地下、竖井、水中及严重腐蚀地方，不能承受大拉力作用
VV33	VLV33	聚氯乙烯绝缘细钢丝铠装聚乙烯护套电力电缆	可敷设在地下、竖井、水中及严重腐蚀地方，不能承受大拉力作用
VV42	VLV42	聚氯乙烯绝缘粗钢丝铠装聚氯乙烯护套电力电缆	可敷设在竖井及严重腐蚀地方，能承受大拉力作用
VV43	VLV43	聚氯乙烯绝缘粗钢丝铠装聚乙烯护套电力电缆	可敷设在竖井及严重腐蚀地方，能承受大拉力作用

表 1.1－4　　　　　　　聚氯乙烯绝缘电力电缆规格

型　号		芯　数	标称截面/mm²	
铜芯	铝芯		0.6kV/1kV	3.6kV/6kV
VV VY	—	1	1.5～800	10～1000
—	VLV VLY		2.5～1000	10～1000
VV22 VV23	VLV22 VLV23		10～1000	10～1000
VV VY	—	2	1.5～185	—
—	VLV VLY		2.5～185	—
VV22 VY23	VLV22 VLY23	2	4～185	—
VV VY	VLV VLY	3+1	4～300	—
VV22 VV23	VLV22 VLV23	3+1	4～300	—
VV32	VLV32			
VV42	VLV42			
VV VY	VLV VLY	4	4～185	—
VV VY	—	3	1.5～300	10～300
—	VLV VLY	3	2.5～300	10～300
VV22 VV23	VLV22 VLV23	3	4～300	10～300
VV22 VV23	VLV22 VLV23	4	4～185	—
VV32	VLV32			
VV42	VLV42			

续表

型　号		芯　数	标称截面/mm²	
铜芯	铝芯		0.6kV/1kV	3.6kV/6kV
VV32 VV33	VLV32 VLV33	3	4～300	16～300
VV42 VV43	VLV42 VLV43		4～300	16～300
VV VV22	VLV VLV22	3+2	4～185	—
VV VV22	VLV VLV22	4+1		
VV VV22	VLV VLV22	5	4～185	—

　　（2）交联聚乙烯绝缘电力电缆的型号、规格见表 1.1-5～表 1.1-8。

表 1.1-5　　35kV 及以下交联聚乙烯绝缘电力电缆型号

型　号		名　称	敷设场合
铝芯	铜芯		
YJLV	YJV	交联聚乙烯绝缘聚氯乙烯护套电力电缆	架空、室内、隧道、电缆沟及地下
YJLY	YJY	交联聚乙烯绝缘聚乙烯护套电力电缆	
YJLV22	YJV22	交联聚乙烯绝缘钢带铠装聚氯乙烯护套电力电缆	室内、隧道、电缆沟及地下
YJLV23	YJV23	交联聚乙烯绝缘钢带铠装聚乙烯护套电力电缆	
YJLV32	YLV32	交联聚乙烯绝缘细钢丝铠装聚氯乙烯护套电力电缆	高落差、竖井及水下
YJLV33	YJV33	交联聚乙烯绝缘细钢丝铠装聚乙烯护套电力电缆	
YJLV42	YJV42	交联聚乙烯绝缘粗钢丝铠装聚氯乙烯护套电力电缆	需承受拉力的竖井及海底
YJLV43	YJV43	交联聚乙烯绝缘粗钢丝铠装聚乙烯护套电力电缆	

表 1.1-6 35kV 及以下交联聚乙烯绝缘电力电缆规格

型号	芯数	额定电压/kV					
		0.6/1	1.8/3	3.6/6、6/6	6/10~8.7/10	8.7/15~12/20	18/20~26/35
		标准横截面/mm²					
YJV、YJLV	1	1.5~800	10~800	25~1200	25~1200	35~1200	50~1200
YJY、YJLY		2.5~1000	10~1000	25~1200	25~1200	35~1200	50~1200
YJV32、YJLV32		10~1000	10~1000	25~1200	25~1200	35~1200	50~1200
YJV33、YJLV33		10~1000	10~1000	25~1200	25~1200	35~1200	50~1200
YJV42、YJLV42		10~1000	10~1000	25~1200	25~1200	35~1200	50~1200
YJV43、YJLV43		10~1000	10~1000	25~1200	25~1200	35~1200	50~1200
YJV、YJLV	3	1.5~300	10~300	25~300	25~300	35~300	
YJY、YJLY		2.5~300	10~300	25~300	25~300	35~300	
YJV22、YJLV22		4~300	10~300	25~300	25~300	35~300	
YJV23、YJLV23		4~300	10~300	25~300	25~300	35~300	
YJV32、YJLV32		4~300	10~300	25~300	25~300	35~300	
YJV33、YJLV33		4~300	10~300	25~300	25~300	35~300	
YJV42、YJLV42		4~300	10~300	25~300	25~300	35~300	
YJV43、YJLV43		4~300	10~300	25~300	25~300	35~300	

表 1.1-7 110kV、220kV 交联聚乙烯绝缘电力电缆型号

型号		电缆名称	敷设场合
铜芯	铝芯		
YJV	YJLV	交联聚乙烯绝缘聚氯乙烯护套电力电缆	电缆可敷设在隧道或管道中,不能承受拉力和压力
YJY	YJLY	交联聚乙烯绝缘聚乙烯护套电力电缆	电缆可敷设在隧道或管道中,不能承受拉力和压力,电缆的防潮性较好
YJLW02	YJLLW02	交联聚乙烯绝缘皱纹铝套防水层聚氯乙烯护套电力电缆	电缆可敷设在隧道或管道中,可以在潮湿环境及地下水位较高的地方使用,并能承受一定的压力
YJAY	YJLAY	交联聚乙烯绝缘铝塑涂综合防水层聚乙烯护套电力电缆	电缆可在潮湿环境及地下水位较高的地方使用

第1章 概述

续表

型号		电缆名称	敷设场合
铜芯	铝芯		
YJQ02	YJLQ02	交联聚乙烯绝缘铅套聚氯乙烯护套电力电缆	电缆可在潮湿环境及地下水位较高的地方使用，但电缆不能承受压力
YJQ41	YJLQ41	交联聚乙烯绝缘铅套粗钢丝铠装纤维外被层电力电缆	电缆可承受一定拉力，用于水底敷设

表1.1-8　110kV、220kV交联聚乙烯绝缘电力电缆规格

型号	额定电压/kV	标准截面/mm²
YJV、YJLV	110	240、300、400、500、630
YJY、YJLY		240、300、400、500、630、800、1000、1200、1400、1600、1800、2000
YJAY YJLAY		
YJLW02 YJLLW02	220	800、1000、1200
YJQ02 YJLQ02		240、300、400、500、630、800、1000、1200、1400
YJQ41 YJLQ41		1600、1800、2000

（3）阻燃聚氯乙烯绝缘电力电缆型号见表1.1-9、表1.1-10。

表1.1-9　阻燃聚氯乙烯绝缘聚氯乙烯护套电力电缆型号

型号		名称	敷设场合
铜芯	铝芯		
ZR-VV	ZR-VLV	阻燃聚氯乙烯绝缘聚氯乙烯护套电力电缆	敷设于室内、隧道、桥梁、电缆沟等场合
ZR-VV22	ZR-VLV22	阻燃聚氯乙烯绝缘聚氯乙烯护套钢带铠装电力电缆	能承受径向外力，但不能承受拉力。敷设于室内、隧道、桥梁、电缆沟等场合

型 号		名 称	敷 设 场 合
铜芯	铝芯		
ZR－VV23	ZR－VLV23	阻燃聚氯乙烯绝缘聚乙烯护套钢带铠装电力电缆	能够承受由径向外力，但不能承受拉力。敷设于室内、隧道、桥梁、电缆沟等场合
ZR－VV32	ZR－VLV32	阻燃聚氯乙烯绝缘聚氯乙烯护套细钢丝铠装电力电缆	能承受径向外力，但不能承受大的拉力。敷设于室内、隧道、桥梁、电缆沟等场合
ZR－VV42	ZR－VLV42	阻燃聚氯乙烯护套粗钢丝铠装电力电缆	能承受大的拉力作用。敷设于室内、隧道、桥梁、电缆沟等场合

表 1.1－10　特种阻燃聚氯乙烯绝缘聚氯乙烯护套电力电缆型号

型 号		名 称	敷 设 场 合
铜芯	铝芯		
TZR－VV	TZR－VLV	特种阻燃聚氯乙烯绝缘聚氯乙烯护套电力电缆	T 表示特种带高阻燃隔氧、隔热层。适用于对消防有极高要求的场合，敷设于室内、隧道、管道、电缆沟等场合
TZR－VV22	TZR－VLV22	特种阻燃聚氯乙烯绝缘聚氯乙烯护套钢带铠装电力电缆	能承受径向外力，但不能承受拉力。T 表示特种带高阻燃隔氧、隔热层。适用于对消防有极高要求的场合，敷设于室内、隧道、管道、电缆沟等场合
TZR－VV32	TZR－VLV32	特种阻燃聚氯乙烯绝缘聚氯乙烯护套细钢丝铠装电力电缆	能承受径向外力，不能承受大拉力。T 表示特种带高阻燃隔氧、隔热层。适用于对消防有极高要求的场合，敷设于室内、隧道、管道、电缆沟等场合

（4）阻燃交联聚乙烯绝缘电力电缆型号见表1.1-11。

表 1.1-11　　　阻燃交联聚乙烯绝缘电力电缆型号

型　号		名　　称	敷　设　场　合
铜芯	铝芯		
ZR-YJV	ZR-YJLV	阻燃交联聚乙烯绝缘聚氯乙烯护套电力电缆	辐照交联在型号上加F以示与化学交联区别。敷设于室内、隧道、电缆沟及管道中
ZR-FYJV	ZR-FYJLV	阻燃辐射交联聚乙烯绝缘聚氯乙烯护套电力电缆	
ZR-YJV22	ZR-YJLV22	阻燃交联聚乙烯绝缘聚氯乙烯护套钢带铠装电力电缆	能承受径向机械外力，但不能承受拉力。辐照交联在型号上加F以示与化学交联区别。敷设于室内、隧道、电缆沟及管道中
ZR-FYJV22	ZR-FYJLV22	阻燃辐射交联聚乙烯绝缘聚氯乙烯护套钢带铠装电力电缆	
ZR-YJV32	ZR-YJLV32	阻燃交联聚乙烯绝缘聚氯乙烯护套细钢丝铠装电力电缆	敷设于竖井及具有落差条件下，能承受机械外力作用及相当的拉力。辐照交联在型号上加F以示与化学交联区别。敷设于室内、隧道、电缆沟及管道中
ZR-FYJV32	ZR-FYJLV32	阻燃辐射交联聚乙烯绝缘聚氯乙烯护套细钢丝铠装电力电缆	
ZR-YJV42	ZR-YJLV42	阻燃交联聚乙烯绝缘聚氯乙烯护套粗钢丝铠装电力电缆	能承受大的拉力。辐照交联在型号上加F以示与化学交联区别。敷设于室内、隧道、电缆沟及管道中

1.2　电力电缆基本结构

　　电力电缆的基本结构由导体、绝缘层和护层三部分组成。电力电缆的导体在输送电能时，具有高电位。为了改善电场的分布情况，减少切向应力，有的电缆加有屏蔽层。多芯电缆绝缘线芯之间，还需增加填芯和填料，以便将电缆绞制成圆形。

1.2.1　电力电缆的导体

　　电力电缆的导体通常用导电性好、有一定韧性、一定强度的高纯度铜或铝制成。导体截面有圆形、椭圆形、扇形、中空圆形等几种。较小截面（16mm² 以下）的导体由单根导线制成；较大截面（16mm² 以上）的导体由多根导线分数层绞合制成，绞合时相邻两层扭绞方向相反。对于圆形导体单线最少根数，中心一般为 1 根，第 2 层为 6 根，以后每一层比里面一层多 6 根，这样既增加了电缆的柔软性，也增加了导体绞合的稳定度，便于制造和施工。对于 35kV 及以下的电缆，在施工现场需要核对电缆导体的截面时，可以测量一下电缆导体外形尺寸，与电缆各等级标准截面的尺寸进行比较，根据经验可判定所用电缆导体截面积的大小。

充油电缆的导体由韧炼的镀锡铜线绞成，铜线镀锡后可大大减轻对油的催化作用。当导体的标称截面大于 1000mm² 时，为了降低集肤效应和邻近效应的影响，常采用分裂导体结构，导体由 4 个或 6 个彼此用半导电纸分隔开的扇形导体组成。单芯充油电缆的导体中心有一个油道，其直径不小于 12mm。一般是由不锈钢带或 0.6mm 厚的镀锡铜带绕成螺旋管状作为导体的支撑，这种螺旋管支撑还具有扩大导体直径、减小导体表面最大电场强度和减小集肤效应的效果。有的则用镀锡铜条制成 Z 形及扇形型线绞合成中空油道，不需要螺旋形的支撑管。充油电缆的油道也有在铅套下面的，对于 400kV 及以上的高压充油电缆，为了提高其绝缘强度，则导体中心油道和铅套下面的油道合二为一。

1.2.2　电力电缆的绝缘层

电力电缆的绝缘层用来使多芯导体间及导体与护套间相互隔离，并保证具有一定的电气耐压强度，且应有一定的耐热性能和稳定的绝缘质量。

绝缘层厚度与工作电压有关。一般来说，电压越高，绝缘层的厚度也越厚，但并不成比例。因为从电场强度方面考虑，同样电压等级的电缆当导体截面积大时，绝缘层的厚度可以薄些。对于电压较低的电缆，特别是电压较低的油浸纸绝缘电缆，

15

为保证电缆弯曲时，纸层具有一定的机械强度，绝缘层的厚度则随导体截面的增大而加厚。

绝缘层的绝缘材料应具备以下特性：

（1）高击穿强度。电缆导电部分的相间距离及其对地距离很近，绝缘层始终处于高电场中，因此要求电缆具有较高的击穿强度且绝缘性能长期稳定。

（2）介质损耗低。介质损耗太大容易引起电缆发热，加速绝缘老化，甚至发生热击穿，因此要求绝缘层材料的介质损耗低。

（3）耐树枝放电、耐电晕及耐局部放电性能好，具有一定的柔软性能和机械强度。

（4）使用寿命长，材料来源广，价格便宜。

1.2.3　电力电缆的护层

为了使电缆绝缘不受损伤，并满足各种使用条件和环境的要求，在电缆绝缘层外包覆有保护层，叫做电缆护层。电缆护层分为内护层和外护层。

1. 内护层

内护层是包覆在电缆绝缘上的保护覆盖层，用以防止绝缘层受潮、机械损伤以及光和化学侵蚀性媒质等的作用，同时还可以流过短路电流。内护层包括金属的铅护套、铝护套、铁纹铝护套、铜护套、综合护套，以及非金属的塑料护套、橡胶护套等。金属护套多用于油浸纸绝缘电缆和110V及以上的交联聚乙烯绝缘电力电缆；塑料护套（特别是聚氯乙烯护套）可用于各种塑料绝缘电缆；橡胶护套一般多用于橡胶绝缘电缆。

铝的比重仅为铅的 23.8%，且铝套的厚度比铅套薄得多，所以铝套电缆要比铅套电缆轻得多。而且铝的电阻系数比铅小得多，铝套的短路热容量大，在短路电流持续时间稍长的系统中，一般标准厚度铝套即能满足要求。如计算中热稳定不够时，可将铝套稍加厚些就能满足技术要求，无需增加铜丝（或铜带）屏蔽，因此铝套电缆既经济又实惠，敷设省力。使用皱纹铝护套的电缆，其外径相应较大，使电缆盘的尺寸也相应要大些，因而敷设施工也有一定的难度。相比之下，铅护套要比铝套重得多，铅套要满足技术中的短路热稳定要求，铅套的截面必须比铝套的大得多，但由于铅套结构紧密，化学稳定性好，较铝耐腐蚀，因此铅套的使用绝不会被铝套所取代。在陆上使用的各种电缆各有特征及利弊，在直埋及排管敷设中宜优先考虑选择铅套电缆，而过江及海底电缆一定要采用铅套。因为一旦外护套破损后铝套很快会穿孔，不如铅套耐用。

按电缆在使用中受力和外护层的结构情况，铅护套的厚度分为三类，每一类又随着导体截面增大而加厚。

（1）第一类。有铠装层（或麻被）保护，使用中仅有机械外力而不受拉力的电缆，铅护套厚度为 1.2~2.0mm。

（2）第二类。各种分相铅套电缆，铅护套厚度为 1.2~2.5mm。

（3）第三类。没有任何外护层的裸铅套电缆，以及用于水下敷设等承受大的拉力的钢丝铠装电缆，铅护套厚度为1.4~2.9mm。

充油电力电缆还考虑到内部承受压力以及敷设运行条件等因素，因此铅护套更要厚些。

由于铝护套的机械强度比铅护套大得多，因此各种形式电缆的铝护套，厚度是统一的，其厚度为 1.1~2.0mm。

还有一种新型的护套结构叫做综合护套，是由铝箔 PE 复合膜纵向搭盖卷包热风焊接，在挤包外护套后与护套结合成一体。具有综合护套的电缆，其重量轻、尺寸小，在零序短路容量不大的系统中使用时，有降低造价的优势；在零序短路容量较大的系统内需加铜丝屏蔽。综合护套的金属箱作为径向阻水是有效的阻水层，但其抗外力破坏及外护套穿孔后的耐腐蚀作用是脆弱的。国产的综合护套 110kV 交联聚乙烯绝缘电力电缆最早用于杭州，自 1992 年以来运行良好。上海在地铁一期工程中引进德国的这类电缆用于直埋及排管的线路中，德国产品的阻水层采用水膨胀粉，不用阻水带。

聚氯乙烯绝缘电缆和 35kV 及以下交联聚乙烯绝缘电缆的内护层为聚氯乙烯护套或聚乙烯护套。其厚度为 1.6～3.4mm，随着导体直径的增大而加厚。

2. 外护层

外护层是包覆在电缆护套（内护层）外面的保护覆盖层，主要起机械加强和防腐蚀作用。常用电缆的外护层有内护层为金属护套的外护层和内护层为塑料护套的外护层。金属护套的外护层一般由衬垫层、铠装层和外被层三部分组成。衬垫层位于金属护套与铠装层之间，起铠装衬垫和金属护层防腐蚀作用。铠装层为金属带或金属丝，主要起机械保护作用，金属丝可承受拉力。外被层在铠装层外，对金属铠装层起防腐蚀作用。衬垫层及外被层由沥青、聚氯乙烯带、浸渍纸、聚氯乙烯或聚乙烯护套等材料组成。根据各种电缆使用的环境和条件不同，其外护层的组成结构也各异。常用各型号电力电缆的外护层结构参见各种电缆型号表。

内护层为塑料护套的外护层的结构有两种：一种是无外护层而仅有聚氯乙烯（PVC）或聚乙烯护套；另一种是铠装层外还挤包了 PVC 套或聚乙烯套，其厚度与内护套相同。

传统的 PVC 外护套因 PVC 的工作温度较低，对于运行温度高且有护层绝缘要求的高压交联聚乙烯（XLPE）电缆已不太适合，所以现采用高密度聚乙烯（HDPE）或低密度聚乙烯（LDPE）作外护层已很普遍。但无阻燃性，敷设时要考虑防火措施或采用阻燃型电缆。使用 HDPE 作外护层可提高护层的绝缘水平，外护套与皱纹金属套间应有黏结剂。

1.3 不同类型电力电缆结构及其特点

1.3.1 聚氯乙烯绝缘电力电缆

聚氯乙烯绝缘电力电缆的绝缘层由聚氯乙烯绝缘材料挤包制成。多芯电缆的绝缘线芯绞合成圆形后再挤包聚氯乙烯护套作为内护层，其外为铠装层和聚氯乙烯外护套。聚氯乙烯绝缘电力电缆有单芯、二芯、三芯、四芯和五芯等 5 种。

额定电压为 6kV 以上的电缆，其导体表面和绝缘表面均有半导电屏蔽层；同时在绝缘屏蔽层外面还有金属带组成的屏蔽层，以承受故障时的短路电流，避免因短路电流引起电缆温升过高而损坏绝缘。

聚氯乙烯绝缘电力电缆安装、维护都很简便，多用于 10kV 及以下电压等级，在 1kV 配电线路中应用最多，特别适用于高落差场合。聚氯乙烯绝缘电力电缆实物图和结构示意图如图 1.3-1、图 1.3-2 所示。

图 1.3-1　聚氯乙烯绝缘
电力电缆实物图

图 1.3-2　聚氯乙烯绝缘
电力电缆结构示意图

1.3.2　交联聚乙烯绝缘电力电缆

交联聚乙烯绝缘电力电缆（简称交联电缆）是近 30 年来发展起来很有前途的塑料电缆。这种电缆电场分布均匀，没有切向应力，重量轻，载流量大，已大量用于电缆线路中。

我国使用 110kV 及以上交联聚乙烯绝缘电力电缆开始于 20 世纪 80 年代。1984 年广州引进第一条大长度高压交联聚乙烯绝缘电力电缆线路后，城市电网对电力电缆的选型越来越多地倾向于高压交联聚乙烯绝缘电力电缆。

与充油电缆相比较，交联聚乙烯绝缘电力电缆有以下优点：

（1）有优越的电气性能。交联聚乙烯作为电缆的绝缘介质，具有十分优越的电气性能，在理论上，其性能指标比充油电缆还好。

（2）有良好的热性能和机械性能。聚乙烯树脂经交联工艺处理后，大大提高了电缆的耐热性能，交联聚乙烯绝缘电力电缆的正常工作温度大于 90℃，比充油电缆高，因而载流量比充油电缆大。

（3）敷设安装方便。由于交联聚乙烯是干式绝缘结构，不需附设共有设备，这样给线路施工带来了很大的方便。交联聚乙烯绝缘电力电缆的接头和终端采用预制成型结构，安装比较容易。敷设交联聚乙烯绝缘电力电缆的高差不受限制。在有震动的场所，例如大桥上敷设电缆，交联聚乙烯电力电缆也显示出它的优越性。施工现场火灾危险也相对较小。

与充油电缆相比较，交联聚乙烯绝缘电力电缆也存在一定的缺点，主要如下：

（1）高电压等级的交联电缆的开发时间还不长，因此无论在制造工艺上还是运行使用上的技术和经验远不如充油电缆，在理论和实践上都还有一些问题有待解决，其中最重要根本性的问题是对其长期运行可靠性和使用寿命的评价至今没有取得一致的结论。

（2）交联聚乙烯作为一种绝缘介质，虽然在理论上具有十分优越的电气性能，但作为制成品的电缆，其性能受工艺过程的影响很大。从材料生产、处理到绝缘层（包括屏蔽层）挤塑的整个生产过程中，绝缘层内部难以避免出现杂质、水分和微孔，且电缆的电压等级越高，绝缘厚度越大，挤压后冷却收缩过程产生空隙的概率也越大。运行一定时期后，由于"树枝"老化现象，使整体绝缘下降，从而降低电缆的使用寿命。

（3）尽管高压交联电缆本体的绝缘介质具有十分优越的电气性能，但其连接部位（终端和接头）的绝缘品质还是比不上充油电缆附件，特别是一旦终端或接头附件密封不良而受潮后，容易引起绝缘破坏。

可以使用物理方法或化学方法实现聚乙烯分子的交联。物理交联是用高能粒子射线或电子束照射聚乙烯使其交联，多用于绝缘层较薄的电缆。化学交联是在聚乙烯材料中加入少量过氧化物在一定温度下进行交联，又分为湿法交联、干法交联和硅烷交联三种。

（1）湿法交联。湿法交联用蒸汽作为加热和加压媒介。交联过程中，过氧化物分解产生气体，如甲烷、乙烷、水蒸气等，它们会在绝缘中形成直径为 $1\sim 10\mu m$ 的微孔。交联后绝缘中含水量较高，介电强度降低，在电场作用下容易产生水树枝，导致绝缘老化。

（2）干法交联。干法交联是用其他气体（如 N_2 或 SF_6）代替蒸汽作为加热和加压的媒介，或仅用气体作为加压媒介，而用辐射方法加热绝缘进行交联。干法交联使绝缘中微孔数减少，含水量降低，提高了绝缘的介电强度，适用于生产较高电压等级的交联聚乙烯电缆。

（3）硅烷交联。硅烷交联以少量的过氧化物用硅烷触媒剂混入聚乙烯材料，代替湿法交联或干法交联过程中的加高热和加压，使聚乙烯在水中交联。这种交联过程也会使绝缘中含有少量的水分。

交联聚乙烯绝缘电力电缆的结构包括导体、导体屏蔽、绝缘、绝缘屏蔽、缓冲层、纵向阻水层、金属屏蔽层、金属护套和外护层等。下面对交联聚乙烯绝缘电力电缆的结构组成进行详细介绍。

1. 导体

导体为无覆盖的退火铜单线绞制，紧压成圆形。高压交联聚乙烯绝缘电力电缆导体一般采用圆形紧压线芯。这是因为圆形绞合导体几何形状固定、稳定性好、表面电场比较均匀。导体绞合后经过紧压，导体的结构更加紧密，每根单线的形状发生了变化，已不再是圆形，而是呈现不规则形状，如图 1.3-3

所示。经过紧压后的导体外径变小，紧压系数提高。

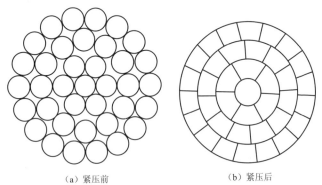

（a）紧压前　　　　　　　　（b）紧压后

图 1.3-3　交联聚乙烯绝缘电力电缆导体

紧压前后对比图

对于大截面导体一般采用分裂导体结构。导体材料可选用铜或者铝，导体的直流电阻应符合《电缆的导体》（GB/T 3956）规定，其中铜导体应采用符合 GB/T 3956 规定的 TR 型软铜线，其中铝导体应采用符合 GB/T 3956 规定的 LY4 型或者 LY6 型硬铝线。标称截面积为 800mm^2 以下的导体应采用符合 GB/T 3956 的第 2 种紧压绞合圆形结构，标称截面积为 800mm^2 以上的导体应采用分割导体结构，标称截面积为 800mm^2 的导体可以采用紧压绞合圆形结构也可以采用分割导体结构。导体在传输交流电流的过程中会出现"集肤效应"，随着导体截面的增大，这种现象会越来越显著，因此截面在 800mm^2 以上的电缆导体必须采用分割导体，以减小"集肤效应"引起电缆的导体电阻增加对传输能量的影响。如图 1.3-4。

对于铜和铝两种导体，铜导体的熔点为 1083℃，导体电阻率 $1.75\times10^{-8}\Omega\cdot\text{m}$，密度为 8.96g/cm^3；铝导体熔点为 660 ℃，导体电阻率 $2.83\times10^{-8}\Omega\cdot\text{m}$，密度为 2.7g/cm^3。自然界中，铜的导电性能仅次于银，而且铜的导电性能比铝要高 35% ～ 40%。但是铝质较轻且价格低廉。铝的机械强度为 70MPa 左右，低于铜材，不能承受较大的拉力和扭力，对于电缆允许最大拉力，铜芯为 $70\mathrm{N/mm^2}$，铝芯为 $40\mathrm{N/mm^2}$。同时铝质电缆熔融温度比较低，所以铝质电缆不能满足电缆耐火的要求。

（a）紧压绞合圆形结构 　　　　　　　　（b）分割导体结构

图 1.3-4　交联聚乙烯绝缘电力电缆的紧压绞合
圆形结构和分割导体结构

2. 导体屏蔽、绝缘和绝缘屏蔽

屏蔽层的作用是减小气隙的局部放电，提高电缆绝缘材料的击穿强度。多根导体绞合而成的导体表面，由于表面不光滑会形成电场集中，它与绝缘层之间容易产生气隙，在电场作用下就有可能导致局部放电。导体表面加一层半导体屏蔽层，称为导体屏蔽层，又称为内屏蔽层。这个屏蔽层能改善导体表面的光滑程度，它与导体等电位并与绝缘层良好接触，就起到了减少气隙的局部放电的作用。同样情况，在绝缘层表面加一层半导体屏蔽层，称为绝缘屏蔽层，又称外屏蔽层。这个屏蔽层与护套等电位，并与绝缘层良好接触，从而减少绝缘层表面与护套之间由于气隙产生的局部放电。交联聚乙烯绝缘电力电缆导体屏蔽、绝缘和绝缘屏蔽示意图如图 1.3-5 所示。

（1）导体屏蔽。导体屏蔽应为挤包半导电层，由挤出的交联型超光滑半导电材料均匀地包覆在导体上，表面应光滑，不能有尖角、颗粒、烧焦或擦伤的痕迹。半导电料采用超光滑可交联型半导电材料，并符合《额定电压 110kV（$U_\mathrm{m}=126\mathrm{kV}$）交联聚乙烯绝缘电力电缆及其附件　第 2 部分：电缆》（GB/T

图 1.3-5　交联聚乙烯绝缘电力电缆
导体屏蔽、绝缘和绝缘屏蔽示意图

11017.2）或《额定电压220kV（U_m＝252kV）交联聚乙烯绝缘电力电缆及其附件　第 2 部分：电缆》（GB/T 18890.2）的规定。在剥离导体屏蔽时，半导电层不应有卡留在导体绞股之间的现象。

（2）交联聚乙烯绝缘。电缆的主绝缘由挤出的交联聚乙烯组成，采用超净料。35kV 电压等级的绝缘标称厚度为 10.5mm，任意点的厚度不得小于规定的最小厚

度值 9.5mm（90％标称厚度），110kV 电压等级的绝缘标称厚度为 19mm，任意点的厚度不得小于规定的最小厚度值 17.1mm（90％标称厚度），电缆绝缘层允许的杂质、微孔尺寸及数目、半导电屏蔽层与绝缘层界面突起与微孔的限制符合 GB/T 11017.2 或 GB/T 18890.2 的规定。

有关国家标准对于 35kV 及以下电缆绝缘的要求如下：

1）绝缘的平均厚度不小于绝缘标称厚度，任意点最小厚度不小于标称厚度的 90％（$t_{min} \geqslant 0.90t_n$）。

2）绝缘偏心度不大于 10％。绝缘偏心度计算公式如下：

$$(t_{max}-t_{min})/t_{max} \leqslant 10\% \tag{1.3-1}$$

式中　t_{max}——绝缘最大厚度，mm；

t_{min}——绝缘最小厚度，mm。

t_{max} 和 t_{min} 在绝缘同一断面上测得。

3）绝缘最小测量厚度的要求为不小于标称厚度 t_n 的 90％（$t_{min} \geqslant 0.90t_n$）。

4）35kV 及以下电缆偏心度的要求为不大于 15％。

有关国家标准对于 110kV 及以上电缆绝缘的要求如下：

1）绝缘的平均厚度不小于绝缘标称厚度，任意点最小厚度不小于标称厚度的 95%（$t_{min} \geqslant 0.95t_n$）。

2）绝缘偏心度不大于 6%。绝缘偏心度计算公式如下：

$$(t_{max} - t_{min})/t_{max} \leqslant 6\% \qquad (1.3-2)$$

式中 t_{max}——绝缘最大厚度，mm；

t_{min}——绝缘最小厚度，mm。

t_{max} 和 t_{min} 在绝缘同一断面上测得。

3）绝缘最小测量厚度的要求为不小于标称厚度 t_n 的 90%（$t_{min} \geqslant 0.90t_n$）。

4）对 110kV 电缆偏心度的要求为不大于 10%；对 220kV 电缆偏心度的要求为不大于 8%。

对于 110kV 及以上交联聚乙烯电力电缆绝缘材料的要求如下：

1）成品电缆绝缘中应无大于 0.05mm 的微孔；大于 0.025mm，并小于等于 0.05mm 的微孔换算到每 10cm³ 体积中微孔数不超过 18 个。

2）成品电缆绝缘中应无大于 0.125mm 的不透明杂质；大于 0.05mm，并小于等于 0.125mm 的不透明杂质换算到每 10cm³ 体积中不透明杂质数不超过 6 个。

3）成品电缆绝缘中应无大于 0.25mm 的半透明深棕色杂质。

4）半导电屏蔽层与绝缘层界面应无大于 0.05mm 的微孔。

5）导体半导电屏蔽层与绝缘层界面应无大于 0.125mm（220kV 及以上无大于 0.08mm）进入绝缘层的突起和大于 0.125mm（220kV 及以上无大于 0.08mm）进入半导电屏蔽层的突起。

6）绝缘半导电屏蔽层与绝缘层界面应无大于 0.125mm（220kV 及以上无大于 0.08mm）进入绝缘层的突起和大于 0.125m（220kV 及以上无大于 0.08mm）进入半导电屏蔽层的

突起。

（3）绝缘屏蔽。绝缘屏蔽也为挤包半导电层，要求绝缘屏蔽必须与绝缘同时挤出。绝缘屏蔽是不可剥离的交联型材料，以确保与绝缘层紧密结合，其要求同导体屏蔽。绝缘屏蔽为挤包半导电层，绝缘屏蔽均匀地包覆在绝缘表面，并牢固地黏附在绝缘层上。绝缘屏蔽的表面以及其与绝缘层的交界面光滑，无尖角、颗粒、烧焦或擦伤的痕迹。三芯电缆绝缘屏蔽与金属屏蔽之间应有沿缆芯纵向的相色标志带，其宽度不小于2mm。

导体屏蔽、绝缘和绝缘屏蔽的生产一般采用三层共挤的方式，对于电压等级较高的电缆，一般采用立塔式生产线，其由于电压等级大于等于220kV的电缆绝缘较厚，如果是像低压电缆一样与地面平行挤包护层，由于重力作用容易引起电缆偏心，绝缘层就可能一边厚一边薄，就不能达到超高压电缆的质量要求，故做成立塔式生产线，防止偏心。

交联聚乙烯材料生产过程时，由于绝缘在交联过程中会因化学反应而产生气体，不利于电缆的安全运行，因此交联聚乙烯电缆需在专用烘房中，在（70±5）℃的环境下进行一段时间的脱气工序。

3. 缓冲层和纵向阻水层

在挤包的绝缘半导电屏蔽层外应有缓冲层。缓冲层应是半导电的，以使绝缘半导电屏蔽层与金属屏蔽层保持电气上接触良好。缓冲层的厚度应能满足补偿电缆运行中热膨胀的要求。如电缆有纵向阻水要求时，绝缘屏蔽层与径向金属防水层之间应有纵向阻水层，其主要材料有半导电缓冲层和半导电缓冲阻水带两种。缓冲层或纵向阻水层示意图如图1.3-6所示。

4. 金属屏蔽层

金属屏蔽应由一根或多根金属带、金属丝的同心层或金属丝与金属带的组合结构组成。金属屏蔽也可以是金属套或符合要求的金属铠装层。选择金属屏蔽材料时，应也别考虑存在腐蚀的可能性，这不仅为了机械安全，而且也为了电气安全。铜丝屏蔽的标称截面积应根据故障电流容量确定。铜丝屏蔽应由一层重叠绕包的软铜线组成，其表面采用反向绕包的铜丝或铜带扎紧。相邻铜丝的平均间隙应不大于 4mm 铜带屏蔽应由一层重叠绕包的软铜带组成，也可采用双层铜带间隙绕包，铜带间的搭盖率为铜带宽度的 15％（标称值），最小搭盖率应不小于 5％。铜带标称厚度为：单芯电缆不小于 0.12mm，多芯电缆不小于 0.10mm，铜带的最小厚度应不小于标称值的 90％。

根据使用场合对屏蔽性能的要求，其选用的材料也不同，如铜丝编织屏蔽、铜带绕包屏蔽、铜丝疏绕屏蔽、铝合金丝编织屏蔽、铜包铝丝编织屏蔽、铝塑复合带绕包屏蔽等。其主要作用为消除电力电缆表面电位的屏蔽作用，它起束缚电力线和消除感应电的作用，如高压电缆的总屏蔽；在主芯绝缘外编织铜丝并与地芯良好接触或作地线用，能及时反应漏电情况，如屏蔽型矿用电缆。电力电缆金属屏蔽示意图如图 1.3-7 所示。

半导电缓冲层或
半导电阻水缓冲带

金属屏蔽
（金属带）

图 1.3-6　交联聚乙烯绝缘电力电缆缓冲层或纵向阻水层示意图　　图 1.3-7　交联聚乙烯绝缘电力电缆金属屏蔽（金属带）示意图

5. 金属护套

金属护套由铅或铝挤包成型，或用铝、铜、不锈钢板纵向卷包后焊接而成。金属护套包括无缝铅套、无缝波纹铝套、焊缝波纹铝套、焊缝波纹铜套、焊缝波纹不锈钢套、综合护套等 6

种。这些金属护套都是良好的径向防水层，但内在质量、应用特性和制造成本各不相同。目前国内除波纹铜套和波纹不锈钢套外都有生产。一般用铅和铝制作护套者较多。用铝制作护套时，铝的最低纯度为 99.6%，高质量的铝不应含有微孔、杂质等；铝护套任意点的厚度不小于其标称厚度的 85%左右。当采用铅制作护套时，铅套用的铅合金应含 0.4%～0.8%的锑和 0.08%以下的铜，铅套任意点的厚度不小于其标称厚度的 85%。

其中对于 110kV、220kV 电缆皱纹铝护套，金属皱纹铝护套有着承受电缆短路电流、径向防水以及承受抗侧压力的作用，其生产工艺方式有氩弧焊和挤包两种形式。皱纹铝套采用纯度不小于 99.6%的铝材制造，铝带的伸长率不小于 16%。焊接皱纹铝套不得有圆周方向的焊缝，焊缝内壁平整，焊缝强度不小于铝套强度，不得有明显突起。皱纹铝套的厚度符合有关国家标准的规定。金属套表面有电缆沥青或热熔胶防蚀层，涂覆在金属套上的防腐层黏着良好，均匀完整，采用的电缆沥青符合有关行业标准的规定。金属护套示意图如图 1.3-8、图 1.3-9 所示。

金属护套

图 1.3-8 交联聚乙烯绝缘
电力电缆金属护套示意图

图 1.3-9 交联聚乙烯绝缘电力电缆
金属护套（皱纹铝套）示意图

6. 外护层

外护层包括铠装层和聚氯乙烯护套（或由其他材料组成的）

等。交流系统单芯电缆的铠装层一般由窄铜带、窄不锈钢带、钢丝（间置铜丝或铝丝）制作，只有交流系统三芯统包型电缆的铠装层才用镀锌钢带或不锈钢带。无铠装层的电缆，在金属护套的外面涂敷沥青化合物，然后挤上聚氯乙烯外护套，外护套厚度不小于其标称厚度的85%左右。在外护套的外面再涂覆石墨涂层，作为外护套耐压试验用电极。当有铠装层时，在金属护套沥青涂敷物外面包以衬垫层后，再绕制铠装层和挤包外护套，沥青涂覆于皱纹铝护套外表面，防止铝护套受到腐蚀，延长电缆使用寿命。

电缆外护套外半导电层是在非金属护套外涂敷一层完整、均匀的石墨导电层，其作用是在铝护套和外护套间施加一试验电压，以保证电缆外护套的机械密封性能，标准规定110kV，220kV电缆在出厂时必须在金属屏蔽/金属套与外护套表面导电层之间以金属套接负极施加直流电压25kV，历时1min，外护套应不发生击穿。电缆在完成施工安装后，也需要进行非金属外护套直流电压试验，应在电缆金属套与外护套表面导电层之间施加10kV直流电压，持续时间1min。目前，半导电层有以下两种制造工艺：①挤制半导电层；②涂覆石墨。在某些需要长距离穿电缆管敷设的场合，采用涂覆石墨的电缆外护套的摩擦阻力相对挤制半导电层的小，在穿管敷设电缆时，可以大大减小外护套受到破坏的情况发生。挤制半导电层的附着性好，不产生环境污染，不易脱落，机械强度高，便于电缆的日常维护。外护层示意图如图1.3-10所示。

1.3.3 橡胶绝缘电力电缆

对于6~35kV的橡胶绝缘电力电缆，导体表面有半导电屏蔽层，绝缘层表面有半导电材料和金属材料组合而成的屏蔽层。多芯电缆绝缘线芯绞合时，采用具有防腐性能的纤维填充，并包以橡胶布带或涂胶玻璃纤维带。橡胶绝缘电缆的护套一般为聚氯乙烯护套或氯丁橡胶护套。

橡胶绝缘电缆的绝缘层柔软性最好，其导体的绞合根数比其他形式的电缆稍多，因此电缆的敷设安装方便，适用于落差较大和弯曲半径较小的场合。它可用于固定敷设的电力线路，也可用于定期移动的电力线路。橡胶电力电缆结构示意图如图1.3-11所示。

外护层

图 1.3-10　交联聚乙烯绝缘
电力电缆外护层示意图

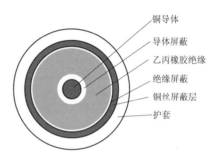

铜导体
导体屏蔽
乙丙橡胶绝缘
绝缘屏蔽
铜丝屏蔽层
护套

图 1.3-11　橡胶电力
电缆结构示意图

1.3.4　阻燃电力电缆

普通电缆的绝缘材料有一个共同的缺点，就是具有可燃性。当线路中或接头处发生故障时，电缆可能因局部过热而燃烧，并导致扩大事故。阻燃电缆是在电缆绝缘或护层中添加阻燃剂，即使在明火烧烤下，电缆也不会燃烧。阻燃电力电缆的结构与相应的普通聚氯乙烯绝缘电力电缆和交联聚乙烯绝缘电力电缆的结构基本上相同，而用料有所不同。对于交联聚乙烯绝缘电力电缆，其填充物（或填充绳）、绕包层内衬层及外护套等，均在原用材料中加入阻燃剂，以阻止火灾延燃。有的电缆为了降低电缆火灾的毒性，电缆的外护套不用阻燃型聚氯乙烯，而用阻燃型聚烯烃材料。对于聚氯乙烯绝缘电力电缆，有的采用加阻燃剂的方法，有的则采用低姻、低卤的聚氯乙烯料作绝缘，而绕包层和内衬层均用无卤阻燃料，外护套用阻燃型聚烯烃材料等。至于采用哪一种型式的阻燃电力电缆，要根据使用者的具体情况进行选择。

1.3.5 耐火电力电缆

耐火电力电缆是在导体外增加有耐火层，多芯电缆相间用耐火材料填充。其特点是在发生火灾以后的火焰燃烧条件下，可保持一定时间的供电，为消防救火和人员撤离提供电能和控制信号，从而大大减少火灾损失。耐火电力电缆主要用于 1kV 电缆线路中，适用于对防火有特殊要求的场合。

1.3.6 油浸纸绝缘电力电缆

油浸纸绝缘电力电缆由导体、油浸绝缘纸和护层三部分组成。绝缘层是以一定宽度的电缆纸螺旋状地包绕在导电线芯上，经过真空干燥处理后用浸渍剂浸渍而成。为了改善电场的分布情况，减小切向应力，有的电缆加有屏蔽层。多芯电缆绝缘线芯间还需增加填芯和填料，以便将电缆绞制成圆形。油浸纸绝缘电力电缆可分为 6 种，分别为黏性浸渍纸绝缘电缆、滴干纸绝缘电缆、不滴流纸绝缘电缆、充油电缆、充气电缆、管道充气电缆。

1. 黏性浸渍纸绝缘电缆

黏性浸渍纸绝缘电缆的浸渍剂黏度较高，在电缆工作温度范围内不易流动，但在浸渍温度下具有较低黏度，可保证良好浸渍。黏性浸渍剂一般由光亮油和松香混合而成（光亮油占 65%～70%，松香占 30%～35%）。不少国家采用合成树脂（如聚异丁烯）代替松香，与光亮油混合成低压电缆浸渍剂。黏性浸渍纸绝缘电力电缆按结构可分为带绝缘型（统包型）电缆与分相屏蔽（铅包）型电缆。对于带绝缘型电缆，每根导电线芯上包绕一定厚度的纸绝缘（相绝缘）层，然后 3 根绝缘线芯绞合一起再统包一层绝缘层（带绝缘），其外共用一个金属护套；对于分相屏蔽型电缆即在每根绝缘线芯外包绕屏蔽并挤包铅套。带绝缘型节省材料，但绝缘层中电场强度方向不垂直纸面，有沿纸面的分量，所以一般只用于 10kV 以下电缆。分相屏蔽型电缆绝缘中电场强度方向垂直于纸面，多用于 10kV 以上电缆。黏性浸渍纸绝缘电力电缆的浸渍剂虽然黏度很大，但它仍有一定的流动性。当敷设落差较大时,电缆上端因浸渍剂下流而形成空隙,击穿强度下降,而下端浸渍剂淤积,压力增大,可以胀毁电缆护套。因此它的敷设落差受到限制,一般不得大于 30m。

2. 滴干纸绝缘电缆

滴干纸绝缘电缆为黏性浸渍纸绝缘电力电缆的一种,在黏性浸渍电缆浸渍后增加一道滴干工艺过程,使黏性浸渍纸间的浸渍剂减少 70%,纸内的浸渍剂减少 30%,以消除黏性浸渍纸绝缘电缆在高落差敷设时浸渍剂流动产生的缺点。但由于减少了浸渍剂的含量,绝缘的耐电强度降低。例如绝缘厚度相同时滴干纸绝缘电力电缆的耐电压强度为 6kV,而黏性浸渍纸电缆的耐电压强度为 10kV,但前者可大大提高允许敷设落差。

3. 不滴流纸绝缘电缆

不滴流纸绝缘电缆与黏性浸渍纸绝缘电缆的差别主要是它的浸渍剂在工作温度范围内不流动,呈塑性固体状,而在浸渍温度下黏度降低,能保证充分浸渍。这种电缆敷设落差不受绝缘本身限制,它将逐步取代黏性浸渍纸绝缘电缆。

黏性浸渍纸绝缘、滴干纸绝缘、不滴流纸绝缘均属浸渍型绝缘,由于组成它的固体材料纸与浸渍剂热膨胀系数相差很大,在制造和运行过程中因温度的变化不可避免地会产生气隙。气隙是电缆破坏的主要原因之一,因此,黏性浸渍型纸绝缘电缆只能用于 35kV 以下。

4. 充油电缆

对于充油电缆,利用补充浸渍剂的方法消除电缆中的气隙。当电缆温度升高时,浸渍剂膨胀,电缆内部压力增加,浸渍剂流入供油箱;电缆冷却时,浸渍剂收缩,电缆内部压力降低,供油箱内浸渍剂又流入电缆,防止了气隙的产生,故可以用于 110kV 及以上线路。充油电缆的结构分为两类:一类是自容式充油电缆,浸渍剂是低黏度矿物油或十二烷基苯,导电线心中有空心油道,浸渍剂可以通过它及时补充进绝缘或流入油箱;另一类是钢管充油电缆,浸渍剂是黏度稍高的聚丁烯油,导电线芯是实心，3 根绝缘线芯一并置于无缝钢管内，管内充以高压力（一般约 1.5MPa，即 15 个大气压）的浸渍剂，钢管与电缆之间的空间即为供油道，并与供油系统相连。充油电缆具有优良的电性能和机械保护，但耗油量大，接头较复杂，不宜于高落差敷设。

5. 充气电缆

充气电缆采用滴干纸绝缘，充以一定压力的气体，以提高气隙的击穿场强，消除局部放电。电缆结构多为三芯，并利用三芯间空隙作为气体传送管道，气体一般为 N_2 或 SF_6 等，适用于垂直敷设的 10～110kV 线路。

6. 管道充气电缆

管道充气电缆又称压缩气体绝缘电缆。其导电线芯置于一个充有一定压力气体（SF_6）的管道中。按线芯数可分为三芯电缆和单芯电缆，单芯电缆又分刚性电缆和可挠型电缆。导电线芯通常是铝管或铜管，由固体绝缘垫片每隔一定距离支撑在管内。外管道为电缆护套兼作气体介质压力容器。单芯电缆通常用铝管或不锈钢管作护套，三芯电缆的护套也可用钢管。由于采用了气体介质（SF_6），它的电容小，介质损耗低，导热性好，故传输容量大，可达 50000MV·A，故常用作大容量发电厂的高压引出线、封闭电站与架空线的连接线等。

1.4 电力电缆带电检测概述

带电检测是在电力设备通电运行状态下进行监测的一种高新技术。利用传感技术和微电子技术对运行中的设备进行实时监测，获取设备运行状态的各种物理量数据，并对其进行分析处理，预测运行状况，根据实时数据得出检测报告。带电检测是为了保证电力系统的安全运行，对系统的重要设备的运行状态进行的监视与检测，及时发现设备的各种劣化过程的发展，以求在可能出现故障或性能下降到影响正常工作之前，及时维修、更换，避免产生危及安全的事故。如何做到不停电就能实现对高压电缆绝缘状态的检测是近年来新的研究热点。通过近年来国内外专家学者对电气设备状态检测方面的研究，高压电缆局部放电的带电检测已成为高压电缆绝缘诊断的发展趋势。

电力电缆带电检测技术的研究始于 20 世纪 80 年代的日本及欧美，其中日本的相关研究更为深入。低频叠加法、直流叠加法以及直流分量法属于基于相关电参数检测水树枝的方法。近年来随着行业科技的发展，新的电缆工艺得到实现，比如抗水树交联聚乙烯工艺，使得交联聚乙烯绝缘部分的纯净度极大提高、杂质含量大幅度降低，水树枝现象获得明显减少，从而使得以上所述的基于相关电参数的检测方法的适用性明显降低。

对于电力电缆，如何找出表征电缆绝缘状态的特征信号及其判据是高压电缆绝缘带电检测技术的关键，也关系到高压电缆的检修从预防性检修向状态检修的成功转变。随着电子通信技术、计算机技术行业的发展，局部放电带电检测技术得以获得飞速发展，逐渐替代了以上技术，成为研究热点。国内外权威机构一致推荐使用局部放电检测技术为 XLPE 电缆进行绝缘状态评价。电缆金属护套接地电流检测和附件封铅涡流检测也是评估运行中电缆绝缘状况的有效手段，得到了广泛应用。

运行中带电检测实际应用比较多的是局部放电、涡流检测、电缆护层接地电流检测等。

1.4.1　局部放电检测

电缆及电缆附件在加工、安装和运行过程中会形成气隙、尖刺等缺陷，这些缺陷会使电缆及其附件绝缘体内发生局部放电。由于固体绝缘介质的累积效应，这些局部放电会使电缆绝缘介电性能逐渐劣化并使局部缺陷扩大，最后导致电缆绝缘的完全损坏。通过对电缆绝缘的局部放电的测量，可以实现对可能危及电缆安全运行缺陷的检测，从而确保电缆的可靠运行。

1.4.2　附件封铅涡流检测

封铅是高压电缆附件制作的关键工序之一，它用来使附件的铜壳或尾管与电缆铝护套电气连接，同时起到密封防水作用。一旦铅封发生开裂，附件就会进水受潮，极易引起击穿故障。封铅涡流探伤是检测封铅质量的有效手段，对于导电材料表面上或近表面的裂纹、孔洞以及其他类型的缺陷，实现在不停电状态下进行监控，具有良好的检测灵敏度并能提供缺陷的深度信息，为预先了解铅封运行状态提供数据支持。

1.4.3 电缆护层接地电流检测

电缆外护套发生破损，或者电缆屏蔽层发生断裂破损时，电缆护层接地电流都会发生变化，不同的电缆护层接地方式下接地电流会有显著区别。通过对电缆护层接地电流的带电检测可以发现安装过程中接地方式的错误、交叉互联系统中接线的错误，发现电缆护层多点接地、屏蔽层断裂等缺陷。电缆护层接地电流检测是检查电缆接地系统是否正常的有效手段，状态检修试验规程将电缆护层接地电流带电检测作为电缆的例行项目之一。

1.4.4 带电检测优势与不足

电力电缆带电检测具有如下优势：

（1）带电检测是在设备正常运行的情况下检测，减少了停电次数。

（2）对于无法承受瞬时高压的老式设备也能进行检测。

（3）带电检测可以依据设备运行状态灵活安排检测周期，便于及时发现设备的隐患，了解隐患的变化趋势。

同时，电力电缆带电检测具有如下劣势：

（1）现场噪声大、干扰多，而采样获取的局部放电信号相对极为微弱，极易淹没于现场干扰之中。

（2）电缆所特有的分层结构以及电缆附件所具有的复杂结构，使得局放信号不易采集，特别是信号的高频成分呈现严重畸变。

（3）缺乏电力电缆故障情况、绝缘劣化状态的评判基础以及运行状态判据等研究基础。当下对于电缆的带电检测的重点在于电缆附件位置（电缆终端及中间接头）。

第2章

电力电缆局部放电检测及其应用技术

2.1 电力电缆局部放电理论

2.1.1 局部放电理论概述

局部放电是指高压设备中的绝缘介质在高电场强度的作用下，发生在电极间的未贯穿放电。这种放电只存在于绝缘的局部位置，而不会立即形成贯穿性通道，故而被称为局部放电。研究发现，电力电缆的局部放电量与其绝缘状况密切相关，局部放电量的变化情况往往预示着电缆绝缘可能存在一定的缺陷，如任其继续发展，可能最终导致电缆故障。

局部放电是一种复杂的物理过程，除了伴随着电荷的转移和电能的损耗之外，还会产生电磁辐射、超声波、光、热以及新的生成物等。从电气方面分析，产生放电时，在放电处有电荷交换、电磁波辐射、能量损耗，最明显的是反映到试品施加电压的两端有微弱的脉冲电压出现。如果绝缘中存在气泡，当工频高压施加于绝缘体的两端时，气泡上承受的电压没有达到气泡的击穿电压时，气泡上的电压就随外加电压的变化而变化。若外加电压足够高，即上升到气泡的击穿电压时，气泡发生放电，放电过程使大量中性气体分子电离，变成正离子和电子或负离子，形成了大量的空间电荷，这些空间电荷，在外加电场作用下迁移到气泡壁上，形成了与外加电场方向相反的内部电压，这时气泡上剩余电压应是两者叠加的结果。当气泡上的实际电压小于气泡的击穿电压时，气泡的放电暂停，气泡上的电压又随外加电压的上升而上升，直到重新到达其击穿电压时，又出现第二次放电，如此出现多次放电。当试品中的气隙放电时，相当于试品失去电荷 q，并使其端电压突然下降 ΔU，这个一般只有微伏级的电源脉冲会叠加在千伏级的外施电压上。所有局部放电测试设备的工作原理，就是将这种电压脉冲检测出来。其中电荷 q 称为视在放电量。

局部放电检测具有如下重要性：

（1）绝缘劣化、缺陷是破坏性的，会引起高压电气设备的损坏。

（2）绝缘系统故障很难在例行维护中被发现。

2.1.2 局部放电测试的机理

2.1.2.1 局部放电的发生机理

局部放电发生时，电力电缆局部放电缺陷可以用放电间隙和电容组合的电气等值回路来代替，在电极之间放有绝缘物，对它施加交流电压时，在电极之间局部出现的放电现象，可以看成是在导体之间串联放置着 2 个以上的电容，其中一个发生了火花放电。

按照这样的考虑方法，图 2.1-1 所示的电力电缆局部放电缺陷等效电路可用图 2.1-2 所示的电极组合电气等值回路表示。

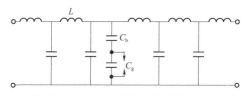

L—电缆等效电感；C_g—串入绝缘物中间的放电间隙的电容；
C_b—与 C_g 串联的绝缘物部分的电容

图 2.1-1　电力电缆局部放电缺陷等效电路

设电极间总的电容为 C_a，则

$$C_a = C_m + \frac{C_g C_b}{C_g + C_b} \qquad (2.1-1)$$

式中　C_g——串入绝缘物中放电间隙（比如气泡）的电容，pF；

　　　C_b——与 C_g 串联的绝缘物部分的电容，pF；

　　　C_m——除了 C_b 和 C_g 以外的电极之间的电容，pF。

在这样的等值回路中，当对电极间施加交流电压 V_t（瞬时值）时，在 C_g 上不发生火花放电的情况下，加在 C_g 上的电压 V_a 由下式表示：

$$V_a = V_t \frac{C_b}{C_g + C_b} \qquad (2.1-2)$$

式中　V_t——对电极间施加交流电压，V。

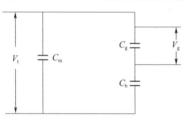

图 2.1-2　电极组合电气等值回路

在图 2.1-2 中，随着外施电压 V_t 的升高，V_a 也随着增大，V_a 达到 C_g 的火花电压 V_p 时，在 C_g 上就产生火花放电。这时，C_g 间的电压和式中的 V_a 逐渐发生差异，如设它为 V_g，由于放电的原因，V_g 迅速地从 V_p 下降到 V_r（剩余电压）。现设在 C_g 间经过时间 t 后放出的电荷为 $Q(t)$，则

$$V_g(t) = V_p - \frac{1}{C_{gr}} \times Q(t) \qquad (2.1-3)$$

$$C_{gr} = C_g + \frac{C_m + C_b}{C_m + C_b} \qquad (2.1-4)$$

式中　$Q(t)$——经过时间 t 后放出的电荷，pC；

　　　V_p——火花电压，V；

　　　C_{gr}——从 C_g 两端看到的电容，pF。

所以得到

$$V_p - V_r = V_p - V_g(\infty) = \frac{1}{C_{gr}} \times Q(\infty) \qquad (2.1-5)$$

这里，将 V_g 从 V_p 大致变成 V_r 的时间称为局部放电脉冲的形成时间。当将这些量表示成时间的函数时，成为如图 2.1-3 所示的曲线。

局部放电脉冲的形成时间，除了极端不均匀电场和油中放电的情况之外，一般是在 0.01μs 以下，而且认为 V_r 大致是零。在上述前提下，局部放电的几个主要参数含义如下：

（1）视在放电电荷 q。它是指将该电荷瞬时注入试品两端时，引起试品两端电压的瞬时变化量与局部放电本身所引起的电压瞬时变化量相等的电荷量，视在电荷一般用 pC（皮库）来表示。

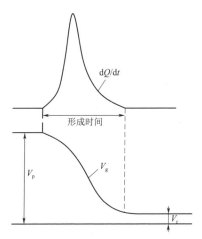

图 2.1 - 3 C_g 间的放电电荷和电压随时间变化的曲线

（2）局部放电的试验电压。它是指在规定的试验程序中施加的规定电压，在此电压下，试品不呈现超过规定量值的局部放电。

（3）局部放电能量 W。它是指因局部放电脉冲所消耗的能量。

（4）局部放电起始电压 V_i。当加于试品上的电压从未测量到局部放电的较低值逐渐增加时，直至在试验测试回路中观察到产生这个放电值的最低电压。实际上，起始电压是局部放电量值等于或超过某一规定的低值的最低电压。

（5）局部放电熄灭电压 V_e。当加于试品上的电压从已测到局部放电的较高值逐渐降低时，直至在试验测量回路中观察不到这个放电值的最低电压。实际上，熄灭电压是局部放电量值等于或小于某一规定值时的最低电压。

下面所述的电压、电容、电荷及电能的单位分别采用 V、F、C 及 J 表示。

根据式（2.1-5），各个局部放电脉冲的放电电荷为

$$q_r = Q\ (\infty) = C_{gr}\ (V_g - V_r) \tag{2.1-6}$$

设 $C_g \gg C_b$，$V_r \approx 0$，则可得

$$q_r \approx C_g V_p \tag{2.1-7}$$

应用式（2.1-4）及式（2.1-6），各个局部放电能量 W 为

$$W = \int_0^{q_r} V_g \mathrm{d}Q = V_p q_r - \frac{1}{2} \times \frac{1}{C_{gr}} \times q_r^2 = \frac{1}{2} C_{gr}(V_p^2 - V_r^2)$$

$$\tag{2.1-8}$$

设 $C_g \gg C_b$（即 $C_{gr} \approx C_b$），$V_r = 0$，则可得

$$W = \frac{1}{2} C_g V_p^2 \tag{2.1-9}$$

设由于局部放电引起试品电极间的电压变化为 ΔV，则

$$\Delta V = \frac{C_b}{C_m + C_b}\ (V_p - V_r) \tag{2.1-10}$$

利用式（2.1-6），消去 $(V_p - V_r)$，可得

$$\Delta V = \frac{C_b q_r}{C_g C_m + C_g C_b + C_m C_b} \tag{2.1-11}$$

引入新的参数 q，则

$$q = \frac{C_b}{C_g + C_b} \times q_r \tag{2.1-12}$$

利用式（2.1-1），经过变换后，ΔV 可写成下列形式

$$\Delta V = \frac{(C_g + C_b)\ q}{C_g C_m + C_g C_b + C_m C_b} = \frac{q}{C_a} \tag{2.1-13}$$

从电极间来看，就好像是 q 的电荷已经放掉一样，发生了 ΔV 的电压变化，q 称为视在的放电电荷。由式（2.1-12）可知，$q < q_r$。在 $C_m \gg C_g$，或 $C_m \gg C_b$ 时，q 为

$$q \approx C_b V_p \tag{2.1-14}$$

在实际测量中，由于测量 ΔV 和 C_a 是可能的，所以，能够求出 q，但是 q_r 一般是求不出的。

根据式（2.1-8），放电能量 W 为

$$W = \frac{1}{2} C_{gr}(V_p^2 - V_r^2) = \frac{C_g C_m + C_g C_b + C_m C_b}{C_m + C_b}(V_p - V_r)(V_p + V_r)$$

$$\tag{2.1-15}$$

利用式（2.1-6）和式（2.1-13），可得

$$W = \frac{1}{2} \times q \times \frac{C_g + C_b}{C_b} (V_p + V_r) \qquad (2.1-16)$$

现设，C_g 放电时的外施电压瞬时值为 V_s（局部放电起始电压的波峰值），利用式（2.1-2），可得 $\frac{C_g + C_b}{C_b} = \frac{V_t}{V_a}$，此时 $V_z = V_p$，$V_t = V_s$，W 成为下列形式：

$$W = \frac{1}{2} \times q \times \frac{V_s}{V_p} (V_p + V_r) \qquad (2.1-17)$$

当 $V_r \approx 0$ 时，W 近似为

$$W \approx \frac{1}{2} q V_s \qquad (2.1-18)$$

对于单一气泡放电的情况，若能测量局部放电起始电压 $V_i \left(\frac{V_s}{\sqrt{2}} \right)$ 和 q 的话，就可求出放电能量。

2.1.2.2 局部放电的分类

局部放电是由于电气设备绝缘内部存在的弱点，在一定外施电压下发生的局部的和重复的击穿和熄灭现象。随着绝缘内部局部放电的发生，将伴随着光、热、噪音、电脉冲、介质损耗增大和电磁波放射等现象的发生。这种放电可能出现在固体绝缘的空隙中，也可能在液体绝缘的气泡中，或不同介电特性的绝缘层间，或金属表面的边缘尖角部位，所以局部放电大致可分为绝缘材料内部放电（常见于电缆内部）、表面放电（绝缘表面）及电晕放电（电缆连接部分），如图2.1-4所示。

1. 内部放电

在电气设备的绝缘系统中，各部位的电场强度往往是不相等的，当局部区域的电场强度达到电介质的击穿场强时，该区域就会出现放电，但这种放电并没有贯穿施加电压的两导体之间，即整个绝缘系统并没有击穿，仍然保持绝缘性能，发生在绝缘体内的放电称为内部局部放电。

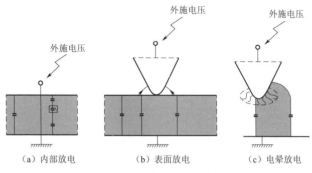

（a）内部放电　　　　　（b）表面放电　　　　　（c）电晕放电

图 2.1-4　局部放电分类

当绝缘介质内出现局部放电后，外施电压在低于起始电压的情况下，放电也能继续维持。该电压在理论上可比起始电压低一半，即绝缘介质两端的电压仅为起始电压的一半，这个维持到放电消失时的电压称之为局放熄灭电压。而实际情况与理论分析有差别，在固体绝缘中，熄灭电压比起始电压低 5％～20％。在油浸纸绝缘中，由于局部放电引起气泡迅速形成，所以熄灭电压低得多。这也说明在某种情况下电气设备存在局部缺陷而正常运行时，局部放电量较小，就是运行电压尚不足以激发大放电量的放电。当其系统有一过电压干扰时，则触发幅值大的局部放电，并在过电压消失后如果放电继续维持，最后导致绝缘加速劣化及损坏。

2. 表面放电

如在电场中介质有一平行于表面的场强分量，当其这个分量达到击穿场强时，则可能出现表面放电。这种情况可能出现在套管法兰处、电缆终端部，也可能出现在导体和介质弯角表面处，如图 2.1-5 所示。图 2.1-5 中电场强度为 E，平行于介质表面的分量和垂直于介质表面的分量为 E_r 和 E_d，内介质 b 与电极 a 间的边缘处，在 r 点的电场有一平行于介质表面的分量，δ 为表面拐弯角度，当电场足够强时则产生表面放电。在某些情况下，可以计算空气中的起始放电电压。

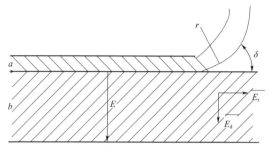

图 2.1-5 介质表面出现的局部放电

表面局部放电的波形与电极的形状有关，如电极为不对称时，则正负半周的局部放电幅值是不等的，如图 2.1-6 所示。当产生表面放电的电极处于高电位时，在负半周出现的放电脉冲较大、较稀；正半周出现的放电脉冲较密，但幅值小。此时若将高压端与低压端对调，则放电图形也相反。

3. 电晕放电

电晕放电是在电场极不均匀的情况下，导体表面附近的电场强度达到气体的击穿场强时所发生的放电。在高压电极边缘、尖端周围可能由于电场集中造成电晕放电。电晕放电在负极性时较易发生，即在交流时它们可能仅出现在负半周。

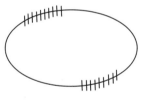

图 2.1-6 表面局部
放电波形

电晕放电是一种自持放电形式，发生电晕时，电极附近出现大量空间电荷，在电极附近形成流注放电。现以棒-板电极为例来解释，在负电晕情况下，如果正离子出现在棒电极附近，则由电场吸引并向负极运动，离子冲击电极并释放出大量的电子，在尖端附近形成正离子云。负电子则向正极运动，然后离子区域扩展，棒极附近出现比较集中的正空间电荷而较远离电场的负空间面电荷则较分散，这样正空间电荷使电场畸变。因此负棒时，棒极附近的电场增强，较易形成。

在交流电压下，当高压电极存在尖端、电场强度集中时，电晕一般出现在负半周，或当接地电极也有尖端点时，则出现负半周幅值较大、正半周幅值较小的放电。

2.1.2.3　常规局部放电测量中干扰的分类

局部放电测量中的干扰信号是多种多样的，按频带可分为窄带干扰和宽带干扰两种，而按其时域波形特征通常可分为连续的周期性干扰、脉冲型干扰和白噪声三类。

连续的周期性干扰包括电力系统载波通信和高频保护信号引起的无线电干扰。此类干扰的波形通常是高频正弦波，有固定的谐振频率和频带宽度。

脉冲型干扰信号包括供电线路或高压端的电晕放电，电网中的开关、可控硅整流设备闭合或开断引起的脉冲干扰，电力系统中其他非检测设备放电引起的干扰，试验线路或邻近处的接地不良引起的干扰，浮动电位物体放电引起的干扰，设备的本机噪声和其他的随机干扰等。此类干扰在时域上是持续时间很短的尖冲信号，而在频域上是包含多种频率成分的宽带信号，具有与局部放电信号相似的时域和频域特征。

白噪声包括各种随机噪声，如变压器绕组的热噪声、配电线路及变压器继电保护信号线路中由于耦合进入的各种噪声以及监测系统中的半导体器件的散粒噪声等。理论上，白噪声干扰的功率谱为恒定常数，分布在整个频段上，而在实际应用中，若其频谱在较宽频段上为连续平缓的，即可认为是白噪声。

2.1.2.4　局部放电特高频检测中的干扰特性分析

特高频法局部放电检测技术的检测频带较高，特高频传感器与设备本身没有电气上的连接，可以避免线圈热噪声、地网中的噪声以及变压器、动力电源线、继电保护线路以及各种信号线路耦合进入的随机噪声，另外工频及其谐波干扰、高频振荡干扰、载波通信干扰频率在一定范围内，而特高频检测频段基本上在百兆赫以上，可以有效避开这类干扰。

在我国，常见的通信干扰信号波形通常是正弦波，有固定的频率和频带宽度，对于采用检波技术的局部放电特高频检测系统来说，这类干扰的检波波形为规律性很强的检波波形，采用软件方法比较容易剔除。

对于局部放电特高频检测技术而言，同其他局部放电检测方法一样，脉冲型干扰信号的排除同样是其面对的一个难题。脉冲型干扰信号包括周期性脉冲干扰和随机性脉冲干扰。此类干扰在时域上是持续时间很短的脉冲信号，而在频域上是包含多种频率成分的宽带信号，具有与局部放电信号相似的时域和频域特征。对于特高频局部放电检测技术而言，仍需要从干扰的传播途径上以及信号处理方法上采取措施。

2.1.2.5 局部放电带电检测中的抗干扰技术

现有抗干扰技术可归纳为以下三类：

（1）频域开窗法，其可根据信号频域特征加以抑制。

（2）时域开窗法，其可利用时域特征加以抑制。

（3）时频开窗法，其可根据脉冲沿小波分解尺度传播特性的不同（即小波分析法）来提取局部放电信号。

以上为根据抗干扰手段进行的分类。而在实际应用中，还可以根据干扰类型分类。现场的干扰信号根据时域特征可分为以下三类：

（1）连续周期性干扰。

（2）脉冲型干扰（包含周期型、随机型脉冲干扰）。

（3）白噪声。

1. 频域开窗法

频域开窗算法一般用于抑制周期性干扰，因周期干扰信号频率固定，比如常见的1MHz左右的谐波干扰。此算法的实现方式分为硬件、软件两种。

（1）硬件实现方法。此方法是改造电流传感器为某固定频带和带通（或高通）滤波的放大器。此方法只能针对某种干扰，而不能作为通用形式的方法。而且每次使用都需要寻找最佳频带，使用不够便利。另外，窄频带处理方式会造成波形的严重

畸变，频域信息大量丢失，而局部放电本身是一种宽频谱的信号。因此这种方法需要用在特定场合，且需要寻找特定的补充配合方法，弥补其不足。有的文献提出使用分频聚类算法，进行抗干扰处理。

（2）软件实现方法。在软件编程时采用数字滤波算法，包括自适应滤波算法、通带滤波算法、FFT 算法、非自适应频域滤波算法。通过对现场干扰信号的分析，发现窄带干扰（无线电干扰或载波干扰等）占整体干扰信号的较大比重。对此可选择"多带通滤波算法"处理，但仍非尽善尽美，因为局部放电信号非常微弱，即使干扰信号还剩下很少，但只要没有滤除干净就仍会对局部放电带电检测造成很大的不利影响。对此印度学者提出需要对各类数字滤波算法进行系统性的评估（如干扰抑制比、波形畸变程度等指标），他们在尝试建立评估体系之后，也进行了自己的评估尝试。评估后，他们认为二阶级联 IRR 陷波固定系数滤波器在各种滤波方法中为最佳方法，这种滤波器具有以下优点：

1）周期性干扰抑制比性能高。

2）对局部放电波形畸变影响最小。

3）对脉冲干扰处理稳定性好。

4）信号处理所用时间较少。

但是，这种方法也有不足之处，如对于周期型干扰信号（含有多谐波干扰成分）的处理，其参数调整困难，处理时间长，需要计算机性能高。窄带抑制算法虽然发展时间比较长、发展比较成熟，可选择性很多，但从应用效果来看，多带通滤波器和固定系数滤波器值得选择。

2. 时域开窗法

当需要处理周期型脉冲干扰信号时，一般可使用时域处理算法，此算法可分为两类，即模拟算法、数字算法。模拟算法主要为差动平衡法、脉冲极性鉴别法。其实现原理为利用极性特征的不同来抑制外部干扰脉冲，具体方法为两个传感器同时测量，测到一个同步信号，当信号极性相同时，认为信号源来自于两个测量点之外；当信号极性相反时，认为信号源来自于两个测量点之间。这一理论在试验室表现良好，但在现场应用时，仍有许多不便之处，原因如下：

（1）两个传感器所测得的信号源的传播途径不同，衰减、畸变的程度也就不同，其在相位、幅值、波形上均有很大差别，从而造成电路设计调整困难。

（2）当遇到较为复杂的设备（比如变压器绕组）时，需要更复杂的分布参数模型，其电感、电阻、电容繁多，传播途径复杂，也会导致所测得的两路脉冲信号不符合极性特征规律，无法产生有效干扰抑制效果。

数字方法为通过软件算法在波形层面抑制周期性放电，其原理为从局部放电与周期型脉冲干扰（比如手机通信干扰）具有不同的形状考虑（手机通信干扰的波形是宽而平的），可滤除干扰。这种方式成功应用在特高频局部放电检测中，因为常见的通信干扰频带正处于特高频检测频带。

数字方法还有一种方式，即利用局部放电相位谱图（PRPD谱图）等统计谱图相位分散的特点（即从谱图看，其形状边缘为逐渐过渡变化的），将周期型的局部放电脉冲干扰滤除，因为此类干扰从谱图看，其形状边缘变化极为快速，没有渐进过程，大多呈"带状"形态。

3. 时频开窗法

时频开窗法可用于处理白噪声信号。假设检测现场有局部放电信号隐藏在较强的、无规律的白噪声之下，如何将其识别、分解出来，是视频开窗算法的目标。时频开窗算法的实现原理为根据放电脉冲和干扰的小波分解传播特性的不同，从而提取放电信号。分析白噪声信号的规律可知，时域上其为无规律随机脉动，在频域上其整个检测频带均匀分布，因此单从频域、时域都无法有效抑制。对此，小波去噪算法能够有效地解决白噪声问题。小波去噪算法主要分为两类：模极大值法、阈值法。

模极大值法由 Mallat 首先提出，他通过系统性的理论分析，发现白噪声、局部放电信号两者之间的小波变换系数中的某个参数（模极大值参数）沿小波尺度具有不同的传递特性，因此其提出可据此滤除白噪声。这一理论较为有效地解决了白噪声难题，但是此算法较为复杂，需要进行十几次交错投影，计算速度较慢，算法发展方面还不够成熟稳定。另外，参数模极大值点在计算确定时，具有很大主观随意性，难以做到标准化、流程化。综合以上因素，此算法在实际应用中使用不多。Donohn 在统计估计理论研究的基础上提出了阈值法，此算法为利用小波变换的门限值去噪。Donohn 对此算法进行深入的研究后发现，该方法具有以下优点：

（1）对于去除白噪干扰和载波干扰均有效。

（2）易于实现。

（3）计算量小。

但此方法的缺点为在应用时需考虑小波函数、小波分解及重构算法、分解的尺度及门限值的选择等问题，当参数选择不恰当时，将极大影响白噪声去噪的效果。

4. 模式识别法

上述算法在处理随机干扰时具有难度，因为很多时候此干扰和局部放电的信号特征相似。其实有些随机脉冲干扰的信号源即为外部的真实的局部放电信号，因此难以使用一般的、通用的方法进行抑制。模式识别法用于处理随机脉冲干扰比较有效。

识别法可以分为两类：逻辑判断方法、模式识别方法。逻辑判断方法是指抑制周期型的脉冲干扰的差动平衡法及脉冲极性鉴别法。其只能抑制外部耦合型的干扰，且抑制效果并不十分理想。模式识别方法是通过提取脉冲特征量，并进行统计识别各类特征量的方法，可达到区分干扰放电类型、滤除干扰信号的目的。从行业发展趋势看，模式识别法较为有可能成为抑制随机型脉冲干扰的可选择的最佳方法。

（1）因模式识别技术的实现，需要高度依赖样本指纹库的建立与不断完善，而这又进一步需要对各种局部放电故障类型、现场干扰情况进行系统的、细致的分析与总结。

（2）特征参量的选择以及模式识别方法的选择都会影响最终结果。

（3）应该有新的可用于识别的智能算法被提出，从而让现场分析数据时更合理、分析后的数据能够真正利用起来。

2.1.2.6 局部放电干扰信号的现场判别

现场测试中很多干扰信号需要通过人工经验识别，以此来提高缺陷和隐患检出效率。通常识别方法如下：

1. 相间信号对比法（极性判断）

相间信号对比法是针对于三相电缆而言的，它实际上就是根据信号的记录时刻来搜索两相或三相同步发生的脉冲信号来排除干扰的方法。局放脉冲体现在相位上结果是缺陷相与另外两相相位相反。通过比较同步信号的相似性和幅值的大小方向，可以确定信号是否来自同一外部干扰源或具体缺陷相别，相间比较法接线图与波形图如图 2.1-7、图 2.1-8 所示。

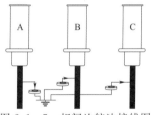

图 2.1-7 相间比较法接线图

2. 信号多周期分析法

信号多周期分析法是用于排除连续的周期型脉冲干扰的一种方法。周期型的脉冲干扰在一个工频周期上出现的相位相对固定且幅度变化很小，如由电弧炉变压器中的拉弧和熄弧产生的放电干扰、周期性火花放电干扰等，而局部放电信号的幅度和相位都具有一定的随机性，在某段相位范围内以"跳舞"式的形式出现。另外，周期脉冲干扰比局部放电信号的持续时间长。信号多周期分析方法就是利用周期性干扰的这些特点，通过利用信号多周期分析方法判断在连续几个工频周期内，脉冲信号是否在固定的相位位置出现，幅值和波形是否几乎不变，来检测周期脉冲干扰信号，最后在采集信号中把它剔除。

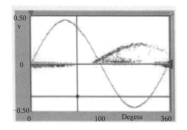

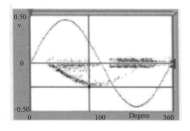

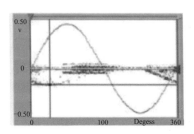

图 2.1-8　相间比较法波形图

3. 随机性脉冲干扰的排除方法

　　随机性脉冲信号是指偶发性的干扰脉冲信号，如变电站现场刀闸操作引起的电弧放电信号、监测系统中的触发器开关动作信号以及变压器内部非放电故障引起的随机干扰信号等。这类干扰脉冲信号在相位分布以及幅值分布上比较分散，没有任何规律性。这类干扰可通过软件里的一些算法（基于网格和密度聚类方法与模糊聚类分析方法等），最终将随机干扰脉冲点从统计结果中排除，并把反映放电特征的脉冲信号提取出来，排除随机脉冲干扰后的统计谱图同样能够反映出局部放电故障的放电特征，不会影响到放电类型识别等后续的诊断效果。

　　此外，还可以通过测试软件的时频域分析、噪声分离、超宽带测试等方法识别局部放电信号。

2.1.2.7　有关局部放电试验的规程

　　《高电压试验技术　局部放电测量》（GB/T 7354）参照 IEC 270，制定了电气设备在交流电压下的局部放电试验一般导则。《电线电缆电性能试验方法　第 12 部分：局部放电试验》（GB/T 3048.12）

参照 IEC 60885 - 3，规定了不同长度挤包绝缘电力电缆局部放电的试验设备、试样制备、试验步骤及注意事项等。在《电力设备局部放电现场测量导则》（DL/T 417）中，没有介绍电力电缆的局部放电试验，但可作为参考。

2.1.2.8　局部放电的测量方法

　　当电缆绝缘内部发生局部放电时，在放电点将发生许多物理现象，如电现象有电脉冲及其反射、电磁波、介质损耗增大等，非电现象有声、红外、光、热、化学变化等，因此在检测方法上大致也分为电测量法和非电测量法两大类。

2.2　电力电缆超声波局部放电检测及其应用技术

2.2.1　超声波局部放电检测概述

2.2.1.1　超声波局部放电检测的发展

　　在非电量局部放电测量的方法中，超声波法是研究比较早的一种，超声波局部放电检测技术凭借其抗干扰及定位能力的优势，在众多的检测法中占有非常重要的地位。20 世纪 80 年代以来，随着微电子技术和信号处理技术的飞速发展，由于压电换能元件效率的提高和低噪声的集成元件放大器的应用，超声波法的灵敏度和抗干扰能力得到了很大提高，该方法在实际中的应用才重新得到重视。经过几十年的发展，目前超声波局部放电检测已经成为局部放电检测的主要方法之一，特别是在带电检测定位方面。该方法具有可以避免电磁干扰的影响、定位便捷以及应用范围广泛等优点。传统的超声波局部放电检测法是利用固定在电力设备外壁上的超声波传感器接收设备内部局部放电产生的超声波脉冲，由此来检测局部放电的大小和位置。由于此方法受电气干扰的影响比较小，以及它在局部放电定位中的广泛应用，人们对超声波法的研究逐渐深入。目前，超声波检测局部放电的研究工作主要集中在定位方面，原因是与电测法相比，超声波的传播速度较慢，对检测系统的速度与精度

要求较低，且其空间传播方向性强。此外，将超声波法与射频电磁波法（包括射频法和特高频法）联合起来进行局部放电定位的声电联合法成为一个新的发展趋势，在工程实际中得到了较为广泛的应用。

2.2.1.2　超声波局部放电检测原理

1. 声波的产生与传递

发声体产生的振动在空气或其他物质中的传播叫做声波，声波可借助各种介质向四面八方传播。声波所到之处的质点沿着传播方向在平衡位置附近振动，声波的传播实质上是能量在介质中的传递。

一般来说，超声波是指振动频率在 20kHz～1GHz 的声波，如图 2.2-1 所示。因超声波的频率超出了人耳听觉的一般上限，故人们将这种听不见的声波叫做超声波。超声波与声波一样，是物体振动状态的传播形式。按声源在介质中振动的方向与波在介质中传播的方向之间的关系，可以将超声波分为纵波和横波两种形式。纵波又称疏密波，其质点运动方向与波的传播方向一致，能存在于固体、液体和气体介质中；横波又称剪切波，其质点运动方向与波的传播方向垂直，仅能存在于固体介质中。

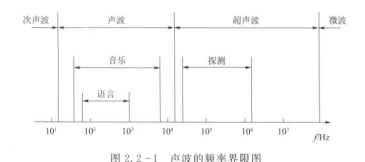

图 2.2-1　声波的频率界限图

除了空气，水、金属、木头等弹性介质也都能够传递声波，它们都是声波的良好介质。当声波穿透物体时，其强度会随着与声源距离的增加而衰减。由于几何衰减、经典吸收、分子弛

豫吸收的原因，声音在传播过程中将越来越微弱，导致了声波的衰减。其声压和声强的衰减规律为

$$P_x = P_o \mathrm{e}^{-ax} \qquad (2.2-1)$$

$$I_x = I_o \mathrm{e}^{-2ax} \qquad (2.2-2)$$

式中 P_x、I_x——声波在距声波 x 处的声压和声强；

P_o、I_o——声波在生源处的声压和声强；

x——声波与声源间的距离；

a——衰减系数。

2. 超声波局部放电带电检测优势与不足

（1）超声波局部放电带电检测具有如下优点：

1）抗电磁干扰能力强。目前采用的超声波局部放电检测法是利用超声波传感器在电力设备的外壳部分进行检测。电力设备在运行过程中存在着较强的电磁干扰，而超声波检测是非电检测方法，其检测频段可以有效躲开电磁干扰，取得更好的检测效果。

2）便于实现放电定位，确定局部放电位置既可以为设备缺陷的诊断提供有效的数据参考，也可以减少检修时间。超声波信号在传播过程中具有很强的方向性，能量集中，因此在检测过程中易于得到定向而集中的波束，从而方便进行定位。在实际应用中，GIS 设备常采用幅值定位法，它是基于超声波信号的衰减特性实现的；变压器常采用空间定位法，目前市面上已有比较成熟的定位系统。

3）适应范围广泛。超声波局部放电检测可以广泛应用于各类一次设备。根据超声波信号传播途径的不同，超声波局部放电检测可分为接触式超声波检测和非接触式超声波检测。接触式超声波检测主要用于检测如电缆终端、GIS、变压器等设备外壳表面的超声波信号；而非接触式超声波检测可用于检测开关柜、配电线路等设备的超声波信号。

（2）超声波局部放电检测技术也存在一定的不足，如对于内部缺陷不敏感，受机械振动干扰较大，进行放电类型模式识

别难度大以及检测范围小等。在电力电缆局部放电检测中电缆外表的绝缘层对高频波声波的牺牲能力较强，这样就导致了原始超声信号里高频波大幅衰减，这一原因限制了超声法的推广应用，因此超声法多是用来检测电缆接头的故障。

2.2.2 超声波局部放电检测

2.2.2.1 超声波局部放电检测基本原理

高压电气设备内部存在局部放电，在放电过程中，分子间会剧烈撞击，介质会随着聚集的热量而瞬间体积膨胀，伴随着爆裂声的发射，进而产生频率大于 20kHz 的脉冲压力波（超声波）。超声波信号由局部放电源沿着绝缘介质和金属件传导到电力设备外壳，并通过介质和缝隙向周围空气传播。

局部放电所产生的脉冲压力波在介质因数不同的介质中传播时，其传播速度也不尽相同。由于脉冲压力波具有球面波的传播规律与特性，会在介质因数不同的介质交界面产生波的反射和折射现象。超声波频率较高、波长较短，因此它的方向性较强，能量较为集中，容易进行局部放电检测。进行带电检测时，可以在所需检测设备的金属外壳部分安装声电转换器，经过声电转换电路，把所采集的超声信号转换成电信号，通过对所采集电信号进行分析与处理即可得到代表设备局部放电信息的特征量，如图 2.2 - 2 所示。

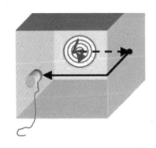

图 2.2 - 2   超声波局部放电检测基本原理

——测量系统   ⚡—局部放电   ◎—声场（声波）   〰▢—压电传感器

　　超声法的核心元器件就是超声传感器，大多采用的是压电晶体传感器，它的工作原理是把接收到的超声信号转换成电量，在传感器的外端连接分离放大器，把声音信号放大，再经过光电转换模块，再通过光纤将转换后的信号传输到数据采集卡里，然后再与采集卡相连接的工控机上展现波形和数据。因为局部放电产生的超声信号特别小，传输的环节上的衰减会对原始信号影响较大，这样导致该方法并没有得到推广。最近几年，由于技术的进步，传感器的性能和信号分离放大器的性能也取得大幅进步。

　　在电力电缆中，发生局部放电时产生的声音信号频带很宽，超声传感器和相连接的分离放大器就放置在需要监测的电缆附近，当有局部放电发生时，就会检测到信号。而且超声传感器有设定好的接收信号的带宽，这也使外界的环境或者电缆和其他设备运行产生的干扰影响降到最低，保证了检测精度，所以超声检测法在电缆运行现场有很好的应用。

2.2.2.2　超声波局部放电测量系统组成

　　典型的超声波局部放电检测装置一般可分为硬件系统和软件系统两大部分。硬件系统用于检测超声波信号，软件系统对所测得的数据进行分析和特征提取并做出诊断。硬件系统通常包括超声波传感器、前置放大器与信号处理终端，软件系统包括人机交互界面，数据分析、处理和存储模块及缺陷类型识别模块等。

　　1. 硬件系统

　　电力电缆超声波局部放电监测系统如图 2.2-3 所示。图 2.2-3 中：S 为 220V 交流电源；T_1 为自耦变压器；T_2 为无局部放电高压试验变压器；Z 的阻值为 200kΩ；C_x 为局部放电试品等效电容。

　　（1）超声传感器。超声法检测局部放电的硬件核心是高灵敏度且抗电磁干扰的超声传感器。超声传感器将声发源在被探测物体表面产生的机械振动转换为电信号，它的输出电压是表面位移波和它的响应函数的卷积。理想的传感器应该能同时测

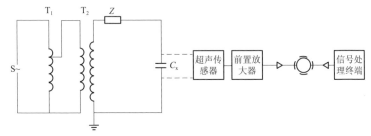

图 2.2 - 3　电力电缆超声波局部放电监测系统

量样品表面位移或速度的纵向和横向分量，在整个频谱范围内（0～100MHz 或更大）能将机械振动线性地转变为电信号，并具有足够的灵敏度，以探测很小的位移。目前人们还无法制造上述这种理想的传感器，现在应用的传感器大部分由压电元件组成，压电元件通常采用锆钛酸铅、钛酸铅、钛酸等多晶体和铌酸锂、碘酸锂等单晶体，其中钛酸铅接收灵敏度高，是声发射传感器常用的压电材料。压电陶瓷是目前超声研究及应用中极为常用的材料，其优点如下：

1）机电转换效率高，一般可以达到 80％左右。

2）容易成型，可以加工成各种形状，如圆盘、圆环、圆筒、矩形以及球形等。

3）通过改变成分可以得到具有各种不同性能的超声换能器，如发射型、接收型以及收发两用型。

4）造价低廉，不易老化，机电参数的时间和温度稳定性好，易于推广应用。

由于现场存在强烈的电磁辐射干扰，而压电晶体是最易耦合各种电磁干扰的敏感元件，因此需要将所选用的传感器置于特质的内屏蔽金属套内。同时还要对内部的滤波、放大电路采取特殊的屏蔽措施，并用屏蔽优良的引出线引出信号。局部放电的超声波信号经电缆多层介质衰减后，传到外壳上超声波传感器处已经十分微弱，干扰信号可能将监测信号淹没。因此，压电晶体的合理设计、传感器检测频带的合理设计与传感器检测频带的合理选择是提高传感器检测灵敏度的关键因素。

电力设备局部放电检测用超声波传感器通常可分为接触式传感器和非接触式传感器，如图 2.2-4 所示。接触式传感器一般通过超声耦合剂贴合在电力设备外壳上，检测外壳上传播的超声波信号；非接触式传感器则是直接检测空气中的超声波信号，其原理与接触式传感器基本一致。传感器的特性包括频响宽度、谐振频率、幅度灵敏度、工作温度等。

图 2.2-4 接触式传感器与非接触式传感器

1）频响宽度。频响宽度即为传感器检测过程中采集的信号频率范围，不同的传感器其频响宽度也有所不同，接触式传感器的频响宽度大于非接触式传感器。

2）谐振频率。谐振频率也称为中心频率，当加到传感器两端的信号频率与晶片的谐振频率相等时，传感器输出的能量最大，灵敏度也最高。不同的电力设备发生局部放电时，由于其放电机理、绝缘介质以及内部结构的不同，产生的超声波信号的频率成分也不同，因此对应的传感器谐振频率也有一定的差别。

3）幅度灵敏度。灵敏度是衡量传感器对于较小的信号的采集能力的参数。随着频率逐渐偏移谐振频率，灵敏度也逐渐降低，因此选择适当的谐振频率是保证较高的灵敏度的前提。

4）工作温度。工作温度是指传感器能够有效采集信号的温度范围。由于超声波传感器所采用的压电材料的居里点一般较高，因此其工作温度比较低，可以较长时间工作而不会失效，但一般要避免在过高的温度下使用。

（2）前置放大器。压电晶体产生的微伏级电压信号必须经过放大器后才能传输，才能减弱干扰信号的影响，并提高信噪比。

（3）信号处理终端。信号处理终端包括信号处理与数据采集系统两部分，信号处理与数据采集系统一般包括前端的模拟信号放大调理电路、高速 A/D 采样、数据处理电路以及数据传输模块。

由于超声波信号衰减速率较快，在前端对其进行就地放大是有必要的，且放大调理电路应尽可能靠近传感器。超声波传感器采集到的信号经过放大后，传入信号处理终端时，首先进入带通滤波单元，选取带通滤波器带宽为 10～100kHz。经过滤波后的信号较弱，因此还要经过一个 1～3000 倍可调的主放大单元。带通滤波器、主放大器等电路有可能会给信号添加一些杂波，为了消除这些干扰信号，需要添加一个平滑滤波单元。设置平滑参数为 1s 可以消除 1MHz 以上的信号。

A/D 采样将模拟信号转换为数字信号，并送入数据处理电路进行分析和处理。数据传输模块用于将处理后的数据显示出来或传入耳机等供检测人员进行观察、检测。数据采集系统应具有足够的采样速率和信号传输速率，测量频带应能覆盖被测信号频谱中的主要分量，同时还能排除或减少各种干扰。高速的采样速率保证传感器采集到的信号能够被完整地转换为数字信号，而不会发生混叠或失真；稳定的信号传输速率使得采样后的数字信号能够流畅地展现给检测人员，并且具有较快的刷新速率，使得检测过程中不致遗漏异常的信号。

2. 软件系统

（1）人机交互界面。人机交互界面是指检测装置将其采集处理后的数据展现给检测人员的平台，一般可分为两种。一种是通过操作系统编写特定的软件，在检测装置运行过程中通过软件中的不同功能将各种分析数据显示出来，供检测人员进行分析；另一种是将传感器检测到的信号参数以直观的形式显示出来，如进行电力电缆的超声波局部放电检测时，通常可通过记录信号幅值和听放电声音的方式来完成。

（2）数据的分析、处理和存储模块。超声波局部放电检测装置通过对其采集的信号进行分析和处理，利用人机交互界面将结果（即检测中的各种参数）展现给检测人员。常用的检测模式包括连续模式、脉冲模式、相位模式、特征指数模式以及时域波形模式等，检测的参数包括信号在一个工频周期内的有效值、周期峰值，被测信号与50Hz、100Hz的频率相关性（即50Hz频率成分、100Hz频率成分），信号的特征指数以及时域波形等。在利用超声波局部放电检测方法检测开关柜时，检测装置通过混频处理，将超声波信号转为人耳能够听到的声音。由于检测过程中存在一定的干扰源，检测装置显示的超声波强度可能会比较大，但是只要没有在装置中听到异常的声音，即可初步认定开关柜可能不存在放电现象。此外，超声波局部放电检测装置均配有数据存储功能，在检测背景噪声信号以及可疑的异常信号时，可以对数据进行存储，以便进行对比和分析。

（3）缺陷类型识别模块。目前，常用的超声波局部放电检测对于缺陷类型的识别主要依靠检测人员对检测参数进行分析后加以判断。由于超声波信号传播具有较强的方向性特点，因此超声波局部放电检测被广泛应用于精确定位。

2.3 电力电缆高频局部放电检测及其应用技术

2.3.1 高频局部放电检测的发展

高频局部放电检测方法是用于电力设备局部放电缺陷检测与定位的常用测量方法之一，其检测频率范围通常在 3～30MHz 之间。高频局部放电检测技术可广泛应用于电力电缆的局放检测，其高频脉冲电流信号可以由电感式耦合传感器或电容式耦合传感器进行耦合，也可以由特殊设计的探针对信号进行耦合。电感式传感器的优点是可以补装在已敷设好的电缆上，电容式传感器可以全部集成在电缆附件上，费用较低。电感型传感器中高频电流传感器（High Frequency Current Transformer，HFCT）具有便携性强、安装方便、现场抗干扰能力较好等优点，因此应用最多，其工作方式是对流经电力设备的接地线、中性点接线以及电缆本体中放电脉冲电流信号进行检测，高频电流传感器多采用罗哥夫斯基线圈结构。

在世界范围内对于罗哥夫斯基线圈传感器的研究，于 20 世纪 60 年代兴起，在 20 世纪 80 年代取得突破性进展，20 世纪 90 年代开始进入实用化阶段。21 世纪以来，随着微处理机和数字处理器技术的成熟，为研制新型的高频电流传感器奠定了基础。近几年国内的研究机构研制了基于罗氏线圈传感器以及高频局放检测装置，许多高校对于罗氏线圈传感器进行了深入的研究和探索，并取得了大量成果。

在局放图谱显示设备方面，应用最广泛的是示波器，但随着计算机技术的发展，出现许多数字化多功能专用局放测量仪，除具有对放电量、放电次数、放电能量的测试外，还具有给出电量和相位、放电量和放电次数等各种谱图报告打印、放电电源定位、系统自检等功能。

目前应用较多的一种方式是在高压和超高压电缆上定向检测电缆的接头或重要部位的局放量。通过在已知电缆接头处或重要部位事先安装好专用传感器，然后通过专用局放测量仪在装有专用传感器的电缆部位上测量电缆的局放量。测量可在电缆运行状态下或停电状态加外施电压下随时进行。

2.3.2　高频局部放电带电检测优势与局限性

2.3.2.1　技术优势

（1）可进行局部放电强度的量化描述。由于高频局放检测技术应用高频电流传感器，与传统的脉冲电流法具有类同的检测原理，如果传感器及信号处理电路相对确定，可以对被测局部放电的强度进行理化描述，以便于准确评估被检测电力设备局部放电的绝缘劣化程度。

（2）具有便于携带、方便应用、性价比高等优点。高频电流传感器作为一种常用的传感器，可以设计成开口电流互感器的安装方式，在非嵌入方式下能够实现局放脉冲电流的非接触式检测，因此具有便于携带、方便应用的特点。

（3）检测灵敏度较高。高频电流传感器一般由环形铁氧体磁芯构成，铁氧体配合经磁化处理的陶瓷材料，对于高频信号具有很高灵敏度。局部放电发生后，放电脉冲电流将沿着接地线的轴向方向传播，即会在垂直于电流传播方向的平面上产生磁场，电感型传感器是从该磁场中耦合放电信号。除此之外利用 HFCT 进行测量，还具有可校正的优点。

2.3.2.2 局限性

（1）高频电流传感器的安装方式限制了该检测技术的应用范围。由于高频电流传感器为开口电流互感器的形式，这就需要被检测的电力设备的接地线或末屏引下线具有引出线，而且其形状和尺寸能够卡入高频电流传感器。而对于变压器套管、电流互感器、电压互感器等容性设备来说，若其末屏没有引下线，则无法应用高频局放检测技术进行检测。

（2）抗电磁干扰能力相对较弱。由于高频电流传感器的检测原理为电磁感应，周围及被测串联回路的电磁信号均会对检测造成干扰，影响检测信号的识别及检测结果的准确性。这就需要从频域、时域、相位分布模式等方面对干扰信号进行排除。

2.3.3 高频局部放电检测

2.3.3.1 高频局部放电检测基本原理

高频局放法也叫脉冲电流法，它是一种定量的测量方法，其原理为：当电力设备发生局部放电时，通常会在其接地引下线或其他地电位连接线上产生脉冲电流，通过高频电流传感器检测流过接地引下线或其他地电位连接线上的高频脉冲电流信号，实现对电力设备局部放电的带电检测。基于罗哥夫斯基线圈原理的高频传感器结构图及等效电路图如图 2.3-1 所示。

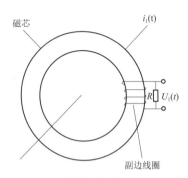

（a）高频传感器结构图

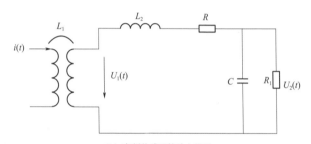

（b）高频传感器等效电路图

图 2.3 - 1　高频传感器结构图及等效电路图

R_1—积分电阻；L_1—线圈互感；L_2—线圈电感；

R—线圈等效电阻；C—线圈杂散电容

由分析可知，积分电阻 R_1 增大，电流传感器的工作频带降低，但积分电阻的增大有利于提高传感器的灵敏度；绕线匝数 N 增大，线圈的自感 L_1 增大，电流传感器的工作频带变宽，但其灵敏度降低，因此 R_1 和 N 有一个最佳匹配的问题。

实际测试结果还表明，选用不同材料的磁芯以及不同的绕制工艺时，传感器的幅频特性均会有所不同。

高频法局放主要测定的物理量如下：

（1）电力电缆在一定电压下的局部放电量，用皮库（pC）来表示。

（2）电力电缆局部放电的起始电压和熄灭电压。

2.3.3.2 高频局放测量系统组成

1. 结构组成

电力设备高频局部放电检测系统由高频电流传感器、工频相位单元、信号采集单元、信号处理分析单元等构成，高频法局部放电带电检测仪结构图如图2.3-2所示。

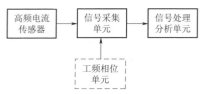

图 2.3-2 高频法局部放电带电检测仪结构图

高频电流传感器完成对局部放电信号的接收，一般使用钳式高频电流传感器；工频相位单元获取工频参考相位；信号采集单元将局部放电和工频相位的模拟信号进行调理并转化为数字信号；信号处理分析单元完成局部放电信号的处理、分析、展示以及人机交互。

2. 信号取样部位

对于电力电缆及附件，可以在电缆终端接头接地线、电缆中间接头地线、电缆中间接头交叉互联接地线、电缆本体上安装高频局部放电传感器，在电缆单相本体上安装相位传感器。如果存在无外接地线的电缆终端接头，高频局部放电传感器也可以安装在该段电缆的本体上，使用时应注意放置方向，应保证电流入地方向与传感器标记方向一致，电力电缆不同部位高频局部放电检测原理如图2.3-3～图2.3-6所示。

3. 诊断步骤

（1）根据电缆类别，按照图2.3-3～图2.3-6所示方法可靠安装传感器和相位信息传感器。

（2）背景噪声测试。测试前将仪器调节到最小量程，测量空间节背景噪声值并记录。

（3）对于已知频带的干扰，可在传感器之后或采集系统之前加装滤波器进行抑制，对于不易滤除的干扰信号，或现场不易确定的干扰，可记录所有信号波形数据，在放电识别与诊断阶段通过分离分类技术剔除干扰，其他抗干扰措施可参考《高电压试验技术　局部放电测量》（GB/T 7354）及《电力设备局部放电现场测量导则》（DL/T 417）中推荐的方法。

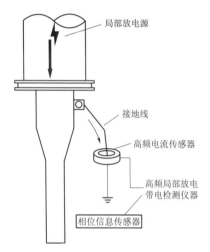

图 2.3-3　经电缆终端接头接地线安装传感器
高频局部放电检测原理

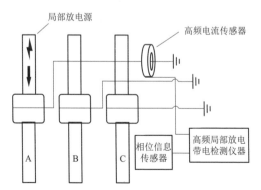

图 2.3-4　经电缆中间接头接地线安装
传感器高频局部放电检测原理

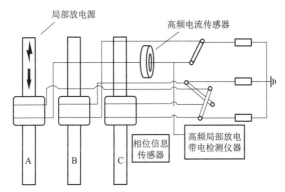

图 2.3-5 经电缆中间接头交叉互联接地线
安装传感器高频局部放电检测原理

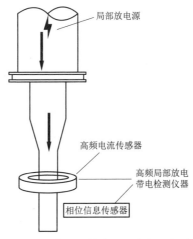

图 2.3-6 经电缆本体安装传感器的高频局部放电检测原理

（4）若同步信号的相位与缺陷部位的电压相位存在不一致，宜根据这些因素对局部放电图谱中参考相位进行手动校正，然后进行下一步的分析。

（5）如果存在异常信号，应进行多次测量，并对多组测量值进行幅值对比和趋势分析，同时对附近有电气连接的电力设备进行检测，查找异常信号来源。

（6）对于异常的检测信号，可以使用其他类型仪器进行进一步的诊断分析，也可以结合其他检测方法进行综合分析。

4．结果分析方法

缺陷判据及缺陷识别诊断方法如下：

（1）相同安装部位同类设备局部放电信号的横向对比。相似设备在相似环境下检测得到的局部放电信号，其测试值和测试谱图应比较相似，例如对同一电缆 A、B、C 三相接头的局部放电图对比，可以为确定是否存在放电，同变电站的同类设备也可以作类似横向比较。

（2）同一设备历史数据的纵向对比。通过在较长的时间内多次测量同一设备的局部放电信号，可以跟踪设备的绝缘状态劣化趋势，如果测量值有明显增大，或出现典型局部放电谱图，可判断此测试点内存在异常。

（3）如果检测到有局部放电特征的信号，当放电幅值较小时，判定为异常信号，当放电特征明显，且幅值较大时，判定为缺陷信号。

（4）对于具有等效时频谱图分析功能的高频局放检测仪器，应将去噪声和信号分类后的单一放电信号与典型局部放电图谱相类比，可以判断放电类型、严重程度、放电信号远近等。

（5）对于检测到的异常及缺陷信号，要结合测试经验和其他试验项目测试结果对设备进行危险性评估。

2.3.4　高频局部放电检测通用技术标准

本通用技术标准仅供检测参考，详见附录 1。

2.4　电力电缆特高频局部放电检测及其应用技术

2.4.1　特高频局部放电检测的发展

特高频（简称 UHF）是电缆本体或附件发生局部放电时产生的特高频电磁波，检测频段通常为 300～3000MHz。根据这一特点，人们开发出了通过监测高频电磁波来实现对电缆的在线监测。国内外研究机构对特高频局放检测技术进行了广泛研究，涵盖了 UHF 传感器模型和性能、各种绝缘缺陷模型、局放脉冲量、取放电类型识别、放电量估计、局放传播特性、局部放电定位等各个方面，目前对局放源的识别和定位新方法的研究、对 UHF 检测装置的研究与开发是重点开展方向。

2.4.2　特高频局部放电带电检测优势与局限性

2.4.2.1　技术优势

（1）现场抗低频电晕干扰能力较强。由于电力设备运行现场存在着大量的电磁干扰，给局部放电检测带来了一定的难度。高压线路与设备在空气中的电晕放电干扰是现场最为常见的干扰，其放电产生的电磁波频率主要在 200MHz 以下。特高频法的检测频段通常为 300～3000MHz，有效地避开了现场电晕等干扰，因此具有较强的抗干扰能力。

（2）利于绝缘缺陷类型识别。不同类型绝缘缺陷的局部放电所产生的特高频信号的脉冲幅值、数量、相位分布、频谱不同，具有不同的谱图特征，可根据这些特点判断绝缘缺陷类型，实现绝缘缺陷类型诊断。

2.4.2.2　局限性

（1）容易受到环境中特高频电磁干扰的影响。由于 UHF 局放检测技术的检测频率范围为 300～3000MHz，在如此宽的频带范围内可能存在手机信号、雷达信号、电机碳刷火花干扰等环境电磁干扰信号，在超高压敞开式变电站内也存在着较强的电磁干扰信号。这些干扰信号可能会造成对 UHF 检测的干扰，从而影响到检测的准确性。

（2）外置式传感器对电缆内部缺陷检出率降低。对铠装电力电缆，内部局部放电激发的电磁波无法及时传播出来且衰减较快，检测范围受限。

（3）尚未实现缺陷劣化程度的量化描述。目前国内外尚没有该检测技术、检测装置的技术标准，同时受到电磁波信号传播路径、缺陷放电类型差异等因素的影响，虽然其检测信号幅值与缺陷劣化程度在趋势上基本具有一致性，但尚不能实现与脉冲电流法类似的缺陷劣化程度的准确量化描述。

2.4.3　特高频局部放电检测

2.4.3.1　特高频局部放电检测基本原理

交联聚乙烯电缆局部放电产生的放电脉冲具有很短的上升时间，可激发出频率达"GHz"数量级的电磁波，虽然电缆本体有良好的屏蔽层，但是特高频电磁波可以从电缆终端或中间接头的屏蔽断开处辐射出来，特高频法采用天线传感器在电缆接头附近接收局部放电辐射到空间的电磁波，这样能够降低信号的衰减，更有效地对电缆进行监测。

用特高频法监测电缆时，传感器信号频段的选取对测量的准确度影响很大，合适的传感器将会降低干扰信号，信噪比也有一定提升。因此，传感器的性能是决定特高频法测量精度的关键。

阿基米德螺旋天线传感器原理图如图 2.4-1 所示。从实用角度出发，特高频天线不仅要有一定的响应带宽，同时要求其具有较小的驻波比和较高的灵敏度。

2.4.3.2　特高频局放测量系统组成

特高频局部放电检测装置一般由特高频传感器、信号放大器、检测仪器主机及分析诊断单元组成，其原理图如图 2.4-2 所示。特高频传感器负责接收电磁波信号，并将其转变为电压

图 2.4-1　阿基米德螺旋
天线传感器原理图

信号，再经过信号调理与放大，由检测仪主机完成信号的 A/D 转换、采集及数据处理工作。然后将预处理过的数据经过网线或 USB 数据线传送至分析诊断单元，分析诊断软件将数据进行 PRPS (Phase Resolved Pulse Sequence)、PRPD (Phase Resolved Partial Discharge) 的谱图实时显示，并可根据设定条件进行存储，同时可

利用谱图库对存储的数字信号进行分析诊断,给出局部放电缺陷类型诊断结果。另外,应用高速法波器还可以实现局部放电源定位的功能。

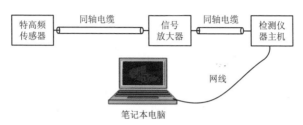

图 2.4 - 2 特高频局放测试仪组成示意图

根据检测频带的不同可分又为窄带和宽带监测方式。UHF宽带监测系统利用前置的高通滤波器测取 300～3000MHz 频率范围内的信号;UHF窄带监测系统则利用频谱分析仪对特定频段信号进行监测,通过选择合适的中心频率能够有效提高系统的抗干扰能力。

1. 特高频传感器

特高频传感器也称为耦合器,用于传感 300～3000MHz 的特高频无线电信号,其主要由天线、高通滤波器、放大器、耦合器和屏蔽外壳组成,天线所在面为环氧树脂用于接收放电信号,其他部分采用金属材料屏蔽,以防止外部信号干扰。特高频传感器的检测灵敏度常用等效高度 H 来表征,单位为 mm。其计算方法为 $H=U/E$,其中:U 为传感器输出电压,单位为 V;E 为被测电场,单位为 V/mm。

2. 信号放大器

信号放大器一般为宽带带通放大器,用于传感器输出电压信号的处理和放大。通常信号放大器的性能用幅频特性曲线表征,一般情况下在其通带范围内放大倍数为 17dB 以上。

3. 检测仪器主机

检测仪器主机用于接收、处理耦合器采集到的特高频局部放电信号。对于电压同步信号的获取方式，通常采用主机电源同步、外电源同步以及仪器内部自同步三种方式，获得与被测设备所施电压同步的正弦电压信号，用于特征谱图的显示与诊断使用。

4. 分析诊断单元

安装专门的局放数据处理及分析诊断软件，对采集的数据进行处理，识别放电类型，判断放电强度。

2.4.3.3 诊断步骤和结果分析

（1）排除干扰。测试中的干扰可能来自各个方位，干扰源可能存在于电气设备内部或外部空间。在开始测试前，尽可能排除干扰源的存在，比如关闭荧光灯和手机。尽管如此，现场环境中还是有部分干扰信号存在。

（2）记录数据并给出初步结论。采取降噪措施后，如果异常信号仍然存在，需要记录当前测点的数据，给出一个初步结论，然后检测相邻的位置。

（3）尝试定位。假如临近位置没有发现该异常信号，就可以确定该信号来自电缆内部，可以直接对该信号进行判定。假如附近都能发现该信号，需要对该信号尽可能地定位。放电定位是重要的抗干扰环节，可以通过强度定位法或者借助其他仪器，大概定出信号的来源。

（4）对比谱图给出判定。一般的特高频局部放电检测仪都包含专家分析系统，可以对采集到的信号自动给出判定结果。测试人员可以参考系统的自动判定结果，同时把所测谱图与典型放电谱图进行比较，确定其局部放电的类型。

（5）保存数据。局部放电类型识别的准确程度取决于经验和数据的不断积累，检测结果和检修结果确定以后，应保留波形和谱图数据，作为今后局部放电类型识别的依据。

第 3 章
电力电缆封铅涡流法探伤检测及其应用技术

3.1 电力电缆封铅介绍

高压电缆附件封铅技术是电力电缆连接的关键。封铅对金属铅护套或铝护套电缆的各种终端头、中间连接有着极为重要的密封防水作用，可使电缆的金属外护层与其他电气设备连接成良好的接地系统。封铅技术是关键的工艺，封铅质量做得好，可延长电缆的使用寿命，能保证电缆长期可靠地安全运行。反之，将导致潮气侵入，绝缘强度降低，直至电缆击穿，造成严重的爆炸断电事故和经济损失。电力电缆封铅实物图如图 3.1 - 1 所示。

图 3.1 - 1　电力电缆封铅实物图

目前制作电缆封铅有两种方法：触铅法和浇铅法。

（1）触铅法。用喷灯加热封铅焊条和要被封焊部分，边加热边涂擦，使被封焊面先镀上一层封铅，然后再加热焊条。待熔化时即触于封焊面，先将接缝处全部触上，再在两边继续触

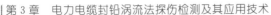

上，要求触铅均匀、适量。当被封焊部分已触铅总量达到一定量之后，即可用喷灯一边加热，一边用抹布抹光，直至成型。

（2）浇铅法。先将特制的熔铅缸放在炉子上，把封铅焊条放进缸中，使其加热熔化。但温度不宜太高，可维持在熔融状态，颜色呈黄褐色即可。操作时，将铅缸拎下，放在接头边，一只手用一小铁勺均匀地搅动几下，舀出一勺，浇于铅套管和铅包接口处，另一只手拿块大抹布接住淌下的封铅，并且朝接缝口处压实、按紧，每舀一勺都同样操作，并逐渐按、揩成圆球形。基本成型后，再用喷灯一边加热，一边用小抹布抹光，直到光洁、匀称、无砂眼、气孔等为止。

两种方法均采用加热方法熔化，均匀地加到封铅部位，用抹布在封铅部位抹至光滑成型。触铅法封焊时间长，所用工具少，适用于终端头封铅；浇铅法必须边浇边用抹布抹，速度快，质量好，适用于中间接头封铅。电力电缆接头封铅制作图如图3.1-2、图3.1-3所示。

图 3.1-2　电力电缆接头封铅制作图（一）

然而，由于高压电缆接头铅封在运行过程中，因地质沉降、机械振动或接头固定不当等原因，电缆接头铅封往往会受力开裂，导致接头进水，进而造成爆炸等断电事故，已成为困扰高压电缆安全运行监控的一大难题。目前，局部放电检测、光纤测温、金属护层接地电流监测等多种技术已经广泛应用于电缆的缺陷诊断，但是对高压电缆铅封检测技术的研究很少，有必要寻求一种有效的检测手段对附件铅封开展检测状态评估。目前在电力设备缺陷检测中，利用射线透视强度的差异性对电气设备内部的检测，实现可视性检测诊断方法，可以实现在不停电状态下进行静态监控，然而 X 射线无法穿透中间部位铅封，故完整的一周铅封 X 射线检测需多次变化射线源和 DR 板布置角度，由于现场接头处空间有限，且无专用的射线源和 DR 板固定工具，无法完成完整的铅封 X 射线成像检测。

图 3.1-3　电力电缆接头封铅制作图（二）

涡流检测是以电磁感应原理为基础的一种常规无损检测方法，它适用于导电材料。在电缆封铅检测中，有着其自身特有的以下优势：

（1）对封铅表面上或近表面的裂纹、孔洞以及其他的缺陷，具有良好的检测灵敏度，有很高的检出度，无需直接接触。

（2）包覆层（如热缩套）对铅封表面的缺陷检测影响可控，包覆层（厚度小于 15mm）铅封可以检测。在一定的范围内具有良好的线性指示，可对大小不同的缺陷进行评价，及时发现开裂铅封缺陷，结合金属接地电流检测可实现附件铅封运行状态监控，在故障发生之前，发现并确认内部缺陷裂化程度。

由于检测信号为电信号，所以可对检测结果进行数字化处理，并将处理后的结果进行存储、再现及进行数据比较和处理。

金属表面感应的涡流的渗透深度随频率而异，激励频率高时金属表面涡流密度大，检测灵敏度高，但是涡流渗透深度低；随着激励频率的降低，涡流渗透深度增加，但表面涡流密度下降，检测敏度降低，所以检测深度与表面伤检测灵敏度是相互矛盾的，很难两全。当对电缆封铅进行涡流检测时，须要根据材质、表面状态、检验标准进行综合考虑，确定检测方案与技术参数。

3.2　电力电缆封铅涡流探伤原理及其应用

3.2.1　电缆封铅涡流探伤原理

电磁感应现象是指电与磁之间相互感应的现象，包括电感生磁和磁感生电两种情况。众所周知，在通电导线附近会产生磁场，这是电感生磁的现象。另外，当穿过闭合导电回路所包围面积的磁通量发生变化时，回路中就产生电流，这种现象就是磁感生电的现象，如图 3.2-1 所示。

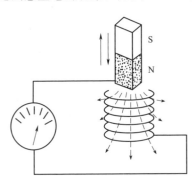

图 3.2-1　磁感生电示意图

在任何电磁感应现象中，不论是怎样的闭合路径，只要穿过路径围成的面内的磁通量有了变化，就会有感应电动势产生。感应电流的方向可以用楞次定律来确定。闭合回路内的感应电流所产生的磁场总是阻碍引起感生电流的磁通变化，这个电流的方向就是感应电动势的方向。根据法拉第电磁感应定律，当闭合回路所包围面积的磁通量发生变化时，回路中就会产生感应电动势 E，其大小等于所

包围面积中的磁通量 Φ 随时间变化的负值，即

$$E = -\frac{\mathrm{d}\Phi}{\mathrm{d}t} \qquad (3.2-1)$$

式中　Φ——磁通量，Wb；

　　　　t——时间，s。

如果将上述方程用于一个绕有 N 的线圈，线圈绕得很紧密，穿过每个线圈磁通量相同，则回路的感应电动势为

$$E = -N\frac{\mathrm{d}\Phi}{\mathrm{d}t} \qquad (3.2-2)$$

式中　N——线圈匝数。

当通有电流的两个线圈相互接近时，由线圈 1 中电流所引起的变化磁场在通过线圈 2 时，会在线圈 2 中产生感应电动势；同样，线圈 2 中的电流所引起的变化磁场在通过线圈 1 时，也会在线圈 1 中产生感应电动势，这种线圈间相互激起感应电动势的现象就叫互感现象，所产生的感应电动势称作互感电动势。当两线圈形状、大小、匝数、相互位置及周围磁介质一定时，相互产生的感应电动势为

$$E_{21} = -M_{21}\frac{\mathrm{d}I_1}{\mathrm{d}t} \qquad (3.2-3)$$

$$E_{12} = -M_{12}\frac{\mathrm{d}I_2}{\mathrm{d}t} \qquad (3.2-4)$$

式中　M_{21}、M_{12}——线圈 1 对线圈 2 的互感系数和线圈 2 对线圈 1 的互感系数，简称互感，二者相等。

互感不仅与线圈的形状、尺寸和周围媒质及材料的磁导率有关，还与线间的相互位置有关。

当两个线圈之间产生上面的耦合时，它们之间的耦合程度用耦合系数 K 来表示，其大小为

$$K = \frac{M}{\sqrt{L_1 L_2}} \qquad (3.2-5)$$

式中　L_1、L_2——线圈 1、线圈 2 的自感系数。

由于电磁感应，当导体处在变化的磁场中或相对于磁场运

动时，其内部会感应出电流，这些电流的特点是：在导体内部自成闭合回路，呈漩涡状流动，因此称之为涡旋电流，简称涡流。例如，含有圆柱导体芯的螺管线圈中有交变电流时，圆柱导体芯中出现的感应电流就是涡流，如图 3.2－2 所示。

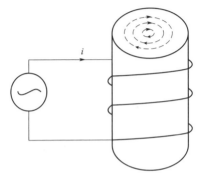

图 3.2－2　涡流感应示意图

事实上涡流的磁场分布是不均匀的，这种不均匀的磁场分布给理论计算带来困难，为了处理方便，特引进有效磁导率。用一个恒定的磁场和变化的磁导率取代事实上变化的磁场和恒定不变的磁导率，这个引进的磁导率就称为有效磁导率，涡流磁场分布示意图如图 3.2－3 所示。

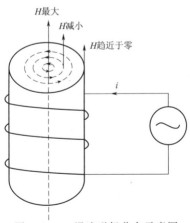

图 3.2－3　涡流磁场分布示意图

对于非磁性材料，磁导率为

$$\mu = \mu_r \mu_{eef} \qquad (3.2-6)$$

对于磁性材料，磁导率为

$$\mu = \mu_0 \mu_r \mu_{eef} \qquad (3.2-7)$$

式中 μ_0——真空磁导率，H/m；

      μ_r——相对磁导率，H/m；

      μ_{eef}——有效磁导率，H/m。

在讨论有效磁导率的计算公式之前，先进行如下三个假设：

(1) 圆柱体充分长，并完全充满线圈。

(2) 激励电流为单一的正弦波。

(3) 试件的电导率、磁导率不变。

在以上假设条件下，根据磁通量的概念，可以得出圆柱体内的总磁通为

$$\Phi = \mu_0 \mu_r \mu_{eef} H_0 \pi a^2 \qquad (3.2-8)$$

式中 a——圆柱体半径，m。

根据理论麦克斯韦方程组可以求出圆柱体内实际的总磁通

$$\Phi = \int_s B_z ds = \int_0^a 2\pi r \mu_0 \mu_r H_z(r) dr = 2\pi \mu_0 \mu_r H_0 \frac{a}{K} \times \frac{J_1(Ka)}{J_0(Ka)}$$

$$(3.2-9)$$

式中 Ka——总磁通计算公式的唯一自变量。

由此导出有效磁导率为

$$\mu_{eef} = \frac{\Phi}{\mu_0 \mu_r H_0 \pi a^2} = \frac{2}{Ka} \times \frac{J_1(Ka)}{J_0(Ka)} \qquad (3.2-10)$$

$$K = \sqrt{-j\omega\mu\sigma} = \sqrt{-j2\pi f \mu\sigma}$$

式中 a——圆柱体半径，m；

  J_0、J_1——零阶、一阶贝塞尔函数。

$$J_0(x) = \frac{x}{2} \sum_{n=0}^{\infty} (-1)^n \frac{x^{2n}}{2^{2n}(n!)^2} \qquad (3.2-11)$$

$$J_1(x) = \frac{x}{2} \sum_{n=0}^{\infty} (-1)^n \frac{x^{2n}}{2^{2n}n!(n+1)!} \qquad (3.2-12)$$

实际应用中，把函数变量 Ka 的模等于 1 的频率称为特征频率或界限频率，用 f_g 表示。

令 $|Ka|=1$，即 $|Ka|=a\sqrt{2\pi f_g\mu\sigma}=1$，得

$$f_g=\frac{1}{2\pi\mu_0\mu_r\sigma a^2} \qquad (3.2-13)$$

式中　μ_0——真空中磁导率，$\mu_0=4\pi\times10^{-7}\,\mathrm{H/m}$；

$\quad\quad\ \mu_r$——相对磁导率，非磁性材料，$\mu_r=1$；

$\quad\quad\ \sigma$——试样的电导率，$\mathrm{S/m}$；

$\quad\quad\ a$——圆柱体的半径，m。

对于非铁磁性材料，$\mu_0=4\pi\times10^{-9}\,\mathrm{H/cm}$，$a=\dfrac{d}{2}$，以 cm 为单位时，式（3.2-13）变为

$$f_g=\frac{5066}{\mu_r\sigma d^2} \qquad (3.2-14)$$

式中　d——圆柱体直径，cm。

对于一般的试件频率，贝塞尔函数的变量可表示为

$$Ka=a\sqrt{-\mathrm{j}2\pi f\mu\sigma}=\sqrt{-\mathrm{j}\frac{f}{f_g}} \qquad (3.2-15)$$

以此代入计算有效磁导率的公式得

$$\mu_{eff}=\frac{2}{\sqrt{-\mathrm{j}f/f_g}}\times\frac{J_1(\sqrt{-\mathrm{j}f/f_g})}{J_0(\sqrt{-\mathrm{j}f/f_g})} \qquad (3.2-16)$$

由式（3.2-16）可知，有效磁导率是一个含有实部和虚部的复数，它是变量频率比的函数，与其他的因素无关。有效磁导率随着 f/f_g 的增大，虚部先增大后减小，实部逐渐减小。

电缆封铅涡流检测就是运用电磁感应原理，将激励信号加到放置式线圈（又称点式线圈或探头），当探头接近封铅金属表面时，线圈周围的交变磁场在金属表面产生感应电流。这种线圈体积小，线圈内部一般带有磁芯，因而具有磁场聚焦的性质，灵敏度高。它适用于各种板材、带材和大直径管材、棒材的表面检测，还能对形状复杂的工件某一区域做局部检测。采用放

置式线圈检测，效果的好坏很大程度上取决于线圈外形与被检测零件形面的吻合状况，良好的吻合是保证检测线圈平稳扫查、与被检测零件形成最佳电磁耦合的重要前提。涡流探伤监测系统，如图 3.2-4 所示。

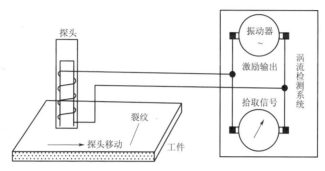

图 3.2-4　涡流探伤监测系统

涡流检测是涡流效应的一项重要应用，其基本原理可表述为：当载有交变电流的检测线圈靠近导电试件时，由于激励线圈磁场的作用，试件中会产生涡流，而涡流的大小、相位及流动形式受到试件导电性能的影响，同时产生的涡流也会形成一个磁场，这个磁场反过来又会使检测线圈的阻抗发生变化。电缆涡流检测时，当封铅表面或近表面出现缺陷或测量的金属材料发生变化时，将影响到涡流的强度和分布，涡流的变化又引起了检测线圈电压和阻抗的变化，因此，通过测定检测线圈阻抗的变化可以间接地发现封铅内缺陷的存在及封铅材料的性能是否有变化。

3.2.2　电缆封铅涡流检测影响因素

1. 材料的影响

高压电缆附件封铅材料的主要成分是铅和锡的合金材料，其比例分别为 65% 和 35%。电阻率越小，金属材料导电性越好，纯金属最好，合金的导电性比纯金属次之，不同金属在试验电源频率为 50Hz 下的电阻率对阻抗的影响如图 3.2-5 所示。

2. 检测频率的影响

在分析检测线圈的阻抗时，常把实际的检测频率 f 除以特征频率 f_g 作为一参考值，在实际的涡流检测中，为了分离各种影响因素（如电导率效应、直径效应、裂纹效应等），有必要选择最佳的试验频率，而最佳试验频率的选择随检测目的和对象有所不同。在电缆封铅涡流检测中 f/f_g 一般取 10～40。若 f/f_g 过小（其中 f 为试验频率，f_g 为材料特征频率，特征频率是工件的一个固有特性，取决于工件自身的电磁特性和几何尺寸），则电导率变化方向与直径变化方向的夹角很小，用相位分离法难以分离，但也不宜过大。频率增大时，由于集肤效应，涡流会局限于表面薄层流动；频率降低时，渗入深度增大，阻抗值沿曲线向上移动，电阻率为 3.25% 的金属在不同试验频率下的阻抗分布如图 3.2 - 6 所示。

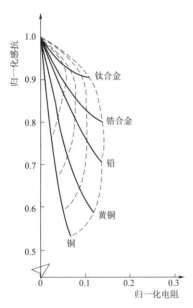

图 3.2 - 5　电阻率对阻抗的影响
（试验电源频率为 50Hz）

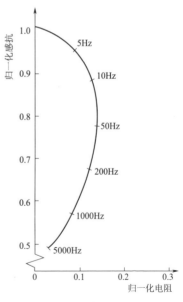

图 3.2 - 6　频率对阻抗的影响
（电阻率为 3.25% 的金属）

电流密度从表面至中心的变化规律为

$$I_x = I_0 e^{-x\sqrt{\pi f \mu \sigma}} \tag{3.2-17}$$

式中 I_x——无限大导体半表面的涡流密度，A；

I_0——至表面 x 深处的涡流密度，A；

x——至表面的距离，m；

f——电流频率，Hz；

μ——导体磁导率，H/m；

σ——导体电导率，S/m。

涡流透入导体的距离称为透入深度，标准透入深度（集肤深度）δ 定义为当涡流密度衰减到其表面值的 $1/e$ 时的透入深度，$\dfrac{1}{e} \approx 37\%$。对于非铁磁性材料，$\mu = \mu_0 = 4\pi \times 10^{-7}$ H/m，$\delta = \dfrac{503}{\sqrt{f\sigma}}$。

3. 检测材质特性的影响（工件尺寸）

检测工件尺寸的变化可改变频率比，从而改变有效磁导率。当试件是铁磁性材料时，工件的增加引起有效磁导率的增加，用相敏技术可以鉴别电导率的变化和半径的变化。频率比大于4，具有良好的分辨率。适当的选择工作频率（频率比小于10），可以进行检测。实际涡流检测中，频率比为 5～150 具有实际意义。

4. 提离效应的影响

提离效应这一概念是针对放置式线圈而言，是指随着检测线圈离开被检测对象表面距离的变化而感应到涡流反作用发生改变的现象，由于线圈和工件之间距离的变化会使到达工件的磁力线发生变化，改变了工件中的磁通，从而影响到线圈的阻抗。提离效应是指应用点式线圈时，线圈与工件之间的距离变化会引起检测线圈阻抗的变化。在检测过程中，由于封铅部位包覆层的厚度不同造成了不可回避的提离距离，从而影响了线圈的阻抗，造成涡流场的变化。提离效应作用规律均较为显著

和一致，即该因素变化引起检测线圈阻抗的矢量变化具有固定
的方向，且在通常采用的检测频率条件下，该方向与缺陷信号
的矢量方向具有明显的差异，因此采用适当的信号处理办法或
相位调整可比较容易地抑制或消除这类干扰因素的影响。

5. 电流对涡流的影响

电流对涡流的影响见下式：

$$H = \frac{12.56NI}{10L} = \frac{12.56nI}{10} \qquad (3.2-18)$$

式中　H——磁场强度，A/m；

　　　N——线圈圈数；

　　　I——线圈电流，A；

　　　L——线圈长度，cm；

　　　n——单位长度的圈数，$n = N/L$。

6. 温度对涡流的影响

温度的变化会对被测材料的电导率、磁导率产生影响，进
而影响到涡流的变化。温度的变化也会引起检测线圈阻抗的变
化，从而影响到涡流的变化。

3.2.3　电缆封铅涡流检测试样

封铅接头的涡流探伤检验通常在附件封铅接头的全部生产
工序完成之后的检测或运维过程中的在役检测，被检验附件封
铅接头的外表面应光滑洁净，无金属覆盖，并具有良好的表面
光洁度，非金属包覆层与封铅表面保持密贴，以保证检验结果
的可靠性。在检测时，借助与对比试样人工缺陷和自然缺陷显
示信号的幅值对比，通过幅值比较和阻抗图显示（即当量比较
法）对附件封铅接头涡流探伤设备进行设定和校准。

为使附件封铅接头能在整个封铅圆周面上都能进行探伤检
查，使用差动式桥式探头进行涡流检测，如图 3.2-7 所示。

对比试样主要用于高压电缆封铅制造、在役运行过程中检
测灵敏度的校准和比对，是缺陷检测质量评估的重要依据，根据
电缆附件封铅质量要求，设计人工缺陷的类型和尺寸如图 3.2-8

所示，图 3.2 - 8 中 L、h、d 分别表示人工缺陷的长度，深度和半径。

图 3.2 - 7 涡流探伤现场测试图

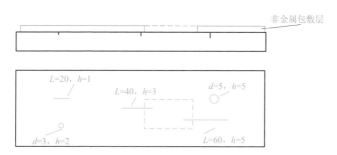

图 3.2 - 8 人工缺陷对比试验块尺寸与结构（单位：mm）

进行试样对比前，应对试样进行如下准备：

（1）用于制备对比试样的附件封铅接头应与被检附件封铅接头的公称尺寸、封铅材料、表面状态、热处理状态相似，即应有相似的电磁特性。

（2）对比试样表面应圆滑，表面应不沾有异种技术附属物，无影响校验的缺陷，非金属包覆层厚度不大于 15mm。

（3）对比试样用来对非破坏性检测的涡流探伤设备进行设定和校准，对比试样上人工缺陷的尺寸不应解释为检测设备可以检测到缺陷的最小尺寸。

3.2.4　电缆封铅涡流检测步骤

涡流检测系统由高塔检测模块、地面检测模块、信号传输电缆、专用检测探头传感器和计算机数据处理终端等组成，如图 3.2 - 9 所示。

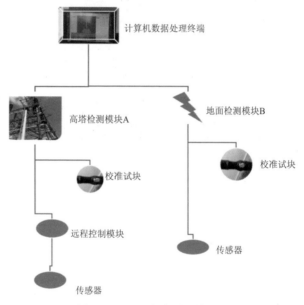

图 3.2 - 9　涡流检测系统组成

检测前，应确认检测线路的详细信息，包含线路名称、电压等级、杆塔号、经纬度、导线型号、跨越挡距内的检测接头数量、检测杆塔的其他地理位置信息等；指定现场负责人，施工前一天开工作票；攀登杆、塔人员核对双重名称、杆塔号、色标，防止误登杆塔，必须核对线路双重名称和杆号；作业人员检查登杆工具双控安全带，防止探伤仪屏蔽防护罩破损；作业人员对主要工器具、材料进行检查合格后方可开始工作。

涡流检测步骤如下：

（1）探伤设备通电后，必须进行不小于 5min 的系统预运行。

（2）当对比试样通过检测设备校验时，探伤设备应调整到稳定地产生清楚的区别信号的状态。这种信号用来设定检查设备的触发-报警电平。

（3）在对比试样上所得到的最小信号的幅值用来设定检测设备的触发电平。

（4）在设定期间，对比试样和检测传感器之间的相对移动速度应与被检附件封铅接头探伤检测时的相对移动速度相同或相近，并采用相同的设备设定值，如频率、灵敏度、相位鉴别、滤波率等。为提高检测能力，可对设定的灵敏度提高若干分贝。

（5）在对相同直径的非金属包覆层和封铅工艺的附件封铅接头进行探伤检验期间，应定期检查和核对设备的设定值，其方法是利用对比试样，校核不同的刻槽幅值。检查和核对设备设定值的频度为：至少每 2h 核对一次，并且在设备操作人员交换或在探伤检验开始和结束时各核对一次。

（6）在任一系统进行调整以后或被检附件封铅接头的外径、非金属包覆厚度、封铅工艺改变时，均应对探伤检验设备重新进行设定和核对。

（7）在连续探伤检验期间，在任何时间对设备功能发生怀疑时，都要对设定值加以核对。如果设备灵敏度降低，允许提高 3～6dB，此时，若仍然不能使对比试样上每个人工缺陷均达到要求的幅值水平，则按下列规定进行处理。

1）重新校准设备，然后把在上次核对后检查过的所有附件封铅接头，全部复探。

2）即使在上一次设定之后测量灵敏度下降了 3dB，但只要对每根附件封铅接头的检查记录清楚可识别，并能精确地区别是合格或可疑的附件封铅接头，就可不必对附件封铅接头重新进行检测，然后重新对设备进行设定，继续检测。

（8）探伤结果的评定。

1）对于任一附件封铅接头，通过涡流探伤设备检测时，其产生的信号低于触发-报警电平，应判定为该接头检验合格，即图3.2-10中中心曲线（产生的信号）不超过图中红圈（报警电平）。

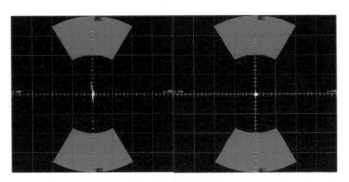

图 3.2-10　测试合格时波形图

2）对于任一附件封铅接头，通过涡流探伤设备检测时，其产生的信号等于或高于触发-报警电平，即图3.2-11中中心曲线（产生的信号）超过图中红圈（报警电平），且呈现明显的"8"字形，则此接头认定为可疑附件封铅接头，其波形图如图3.2-11所示。

3）对于可疑附件封铅接头的处置，取决于封铅接头的质量要求，可以采取下列一种或几种措施处置：

a. 发现可疑接头，此时可按本步骤所规定的方法重新进行涡流探伤检验，当可疑附件封铅接头再次进行涡流探伤检验时，其产生的信号不再等于或高于触发-报警电平，则该附件封铅接头应判定为检验合格。

b. 对可疑附件封铅接头的怀疑部位加以修磨，该附件封铅接头按本规定的方法重新进行涡流探伤检验，若产生的信号不再等于或高于触发-报警电平，则该附件封铅接头应判定为合格。

c. 未通过涡流检测的可疑附件封铅接头判定为不合格。

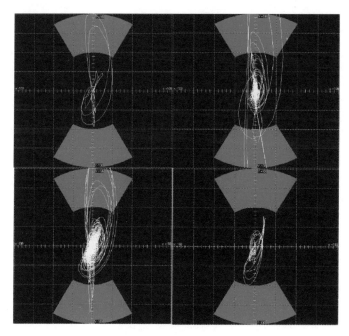

图 3.2 - 11　几种探测到可疑缺陷的波形图

第4章
电力电缆外护套接地电流检测及其应用技术

4.1　电力电缆护套环流基本概念

电缆导体和金属护套间的关系可以看作变压器的初级绕组与次级绕组的关系。当电缆导线通过电流时，其周围产生的一部分磁力线将与金属护套交链，使护套产生感应电压。感应电压的大小与电缆的长度和流过导线的电流成正比。当电缆很长时，护套上的感应电压叠加起来可达到危及人身安全的程度。当线路不对称或发生短路故障时，金属护套上的感应电压会达到很大的数值；当线路遭受操作过电压或雷击过电压时，护套上也会形成很高的感应电压，将护层绝缘击穿。如果护套两点接地使护套形成闭合通路，护套中将产生环行电流，电缆正常运行时，护套上的环行电流与导线的负荷电流基本上为同一数量级，将产生很大的环流损耗，使电缆发热，影响电缆的载流量，这是很不经济的。

国家电网公司《电力电缆线路运行规程》（2010 年）对电缆线路接地方式进行了明确的规定，具体如下：

（1）三芯电缆线路的金属屏蔽层和铠装层应在电缆线路两端直接接地。当三芯电缆具有塑料内衬层或隔离套时，金属屏蔽层和铠装层宜分别引出接地线，且两者之间宜采取绝缘措施。

（2）单芯电缆金属屏蔽（金属套）在线路上至少有一点直接接地，任一点非直接接地处的正常感应电压应符合下列规定：

1）采取能防止人员任意接触金属屏蔽（金属套）的安全措施时，满载情况下不得大于 300V。

2）未采取能防止人员任意接触金属屏蔽（金属套）的安全措施时，满载情况下不得大于 50V。

（3）单芯电缆线路的金属屏蔽（金属套）接地方式的选择应符合下列规定：

1）电缆线路较短且符合感应电压规定要求时，可采取在线路一端直接接地而在另一端经过电压限制器接地，或中间部位单点直接接地而在两端经过电压限制器接地。

2）上述情况以外的电缆线路，应将电缆线路均匀分割成三段或三的倍数段，采用绝缘接头实施交叉互联接地。

3）水底电缆线路可采取线路两端直接接地，或两端直接接地的同时，沿线多点直接接地。

（4）单芯电缆金属屏蔽（金属套）单点直接接地时，下列情况下宜考虑沿电缆邻近平行敷设一根两端接地的绝缘回流线。

1）系统短路时电缆金属屏蔽（金属套）上的工频感应电压超过电缆外护层绝缘耐受强度或过电压限制器的工频耐压。

2）需抑制电缆对邻近弱电线路的电气干扰强度。

4.2 电力电缆接地方式

4.2.1 一端直接接地

当电缆线路长度在 500m 及以下时，电缆护套可以采用一端直接接地（通常在终端头位置接地），另一端经保护器接地的接地方式。护套其他部位对地绝缘，这样护套没有构成回路，可以减少及消除护套上的环行电流，提高电缆的输送容量。为了保障人身安全，非直接接地一端护套中的感应电压不应超过 50V，假如电缆终端头处的金属护套用玻璃纤维绝缘材料覆盖起来，该电压可以提高到 100V。

护套一端接地的电缆线路，还必须安装一条沿电缆线路平行敷设的导体，导体的两端接地，这种导体称为回流线。为了避免正常运行时回流线内出现环行电流，敷设导体时应使它与中间一相电缆的距离为 0.7S（S 为相邻电缆轴间距离），并在电缆线路的一半处换位，如图 4.2-1 所示。

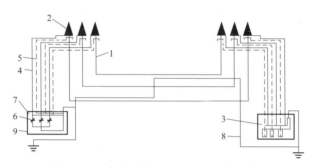

图 4.2-1　护套一端接地的电缆线路示意图

1—电缆本体；2—终端；3—接地箱；4—接地线；5—屏蔽（与电缆护套外石墨层连接）；
6—保护器；7—导体连接母排；8—回流线；9—接地箱

4.2.2　双端接地方式

66kV 及以上电压等级 XLPE 绝缘单芯电缆金属护套上的感应电压与电缆的长度和负荷电流成正比。当电缆线路很短，传输功率很小时，护套上的感应电压极小。护套两端接地形成通路后，护层中的环流很小，造成的损耗不显著，对电缆的载流量影响不大。当电缆线路很短，利用小时数较低，且传输容量有较大裕度时，电缆线路可以采用护套双端接地，如图 4.2-2 所示。

4.2.3　护套中点接地方式

采用一端接地电缆线路太长时，可以采用护套中点接地的方式。这种方式是在电缆线路的中间将金属护套接地，电缆两端均对地绝缘，并分别装设一组保护器。每一个电缆端头的护套电压可以允许值为 50V，因此中点接地的电缆线路可以看做一端接地线路长度的两倍，如图 4.2-3 所示。

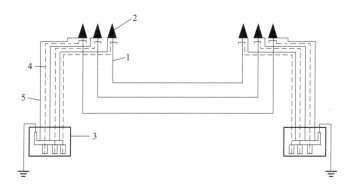

图 4.2-2 双端接地的电缆线路示意图

1—电缆本体；2—终端；3—接地箱；4—屏蔽（与电缆护套外石墨连接）；5—接地线

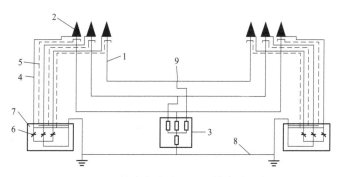

图 4.2-3 护套中点接地的电缆线路示意图

1—电缆本体；2—终端；3—接地箱；4—接地线；5—屏蔽（与电缆护套外石墨层连接）；
6—保护器；7—导体连接母排；8—回流线；9—接地箱

4.2.4 护套断开接地方式

当电缆线路长度为两盘电缆长度，不适合中点接地时，可以采用护套断开的方式。电缆线路的中部（断开处）装设一个绝缘接头，接头的套管中间用绝缘片隔开，使电缆两端的金属护套在轴向绝缘。为了保护电缆护套绝缘和绝缘片在冲击过电压时不被击穿，在接头绝缘片两侧各装设一组保护器，电缆线路的两端分别接地，如图 4.2-4 所示。

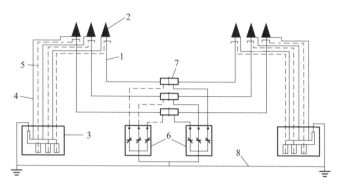

图 4.2-4　护套断开的电缆线路示意图

1—电缆本体；2—终端；3—接地箱；4—接地线；5—屏蔽（与电缆护套外石墨层连接）；

6—保护器；7—绝缘触头；8—回流线

4.2.5　交叉互联接地方式

通常，当电力电缆较长时，采用交叉互联接地方式。电力电缆的交叉互联不是为了两端接地，而是实现将较长的电缆用绝缘接头分割成多段分别接地，并且通过交叉互联在满足外护层电压要求的同时，将外护层的电流通过三相中和降到最小，如图 4.2-5 所示。

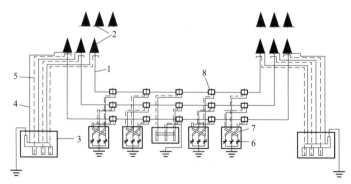

图 4.2-5　交叉互联接地的电缆线路示意图

1—电缆本体；2—终端；3—接地箱；4—接地线；5—屏蔽（与电缆护套外石墨层连接）；

6—保护器；7—互联母排；8—绝缘接头

4.3 电力电缆护层接地电流形成机理

4.3.1 电力电缆护层感应电动势的产生

对于三芯电缆，因三根芯线在同一个金属护层内，当三相电流基本平衡时，三相合成电流接近于零，合成磁通也接近于零。此时金属护层上感应电动势很小，可以忽略不计。只有在非对称短路时，破坏了三相电流的对称性，合成磁通不再等于零，金属护层上才会有不平衡感应电动势产生。

对于单芯电缆，当芯线流过交变电流时，交变电流的周围会产生交变磁场，形成与电缆回路相交链的磁通，其必然与电缆的金属护层相交链，金属护层上将会产生感应电动势。

4.3.2 电力电缆护层接地电流的产生

电缆护层接地线上的电流主要由感应电流、电容电流、泄漏电流三部分组成。感应电流由金属层的感应电动势作用在金属层的自阻抗、接地点间的导通电阻、接地线的电阻等阻抗上形成，感应电流的大小与感应电动势成正比，与回路中的总阻抗成反比，当电缆护层仅单点接地时，感应电流为零。电容电流由工作电压作用在导体与金属护层间电容上而产生，与电缆长度、电缆截面尺寸、工作电压等因素有关。泄漏电流由工作电压作用在电缆主绝缘层的绝缘电阻上产生，绝缘正常时泄漏电流幅值极小，通常可以忽略不计。

4.4 电力电缆接地电流分析

4.4.1 单端接地方式

在高压电缆的特殊连接中，最简单的连接形式就是单端接地，就是将要接地的三根单相电缆的护套在其一端接地，另一端通过过电压保护器（小避雷器）接地。在护套上的其他各点，随着远离接地端，金属护层的接地电压逐渐升高，离接地点最远的点金属护层电压达到最高值。当过电压保护器动作形成接地点时，单端接地方式变为双端接地方式，否则在其他情况下电缆金属护套中是没有电流的，不会出现护套循环电流的功率损失。单端接连接地方式下的电缆排列方式包括水平排列、大品字形排列、小品字形排列这三种基本排列方式。

4.4.2　双端接地方式

与单端接地方式不同，双端接地方式下电缆护套两端均直接接地，电缆护套与大地形成完整回路。这种接线方式下，高压电缆金属护层上所承受的电压为金属护套的电阻与大地回路电阻和两端接地电阻之和的分压。相比接地电阻而言，金属护层的电阻可忽略不计，所以金属护层上所承受的电压几乎为零。

4.4.3　交叉互联接地方式

交叉互联分段方式包括分段交叉互联、改进型分段交叉互联、连续型交叉互联和混合型系统等接线方式。在交叉互联换位过程中，有金属护层换位和电缆线芯换位两种换位方式。为了节约高压电缆敷设空间，我国主要采用金属护层换位、电缆线芯不换位的交叉互联方式。

目前，单芯高压电力电缆广泛采用三段式交叉互联方式进行连接。三段式交叉互联接线方式就是俗称的交叉互联接线方式，是将护套分为三个小段，然后将各部分的金属护层在每个小段的连接处进行交叉换位连接，以此来中和总的三相感应电压。三段交叉互联具体的连接方式为：对位于一个完整交叉互联段的首端与末端的金属护层，通过直接接地箱将其接地；在两个交叉互联小段相接触的位置，将同一相的金属护层断开，通过交叉互联箱与相邻段的金属护层进行换位，再通过电压保护器接地。

当交叉互联换位出现错误时，会导致接地电流显著增大。电缆接地系统中，一组完整的交叉互联段内交叉互联换位次序应该前后一致，即同时为"A→B→C→A"或者"A→C→B→A"。典型的交叉互联换位次序错误如图4.4-1所示，此时金属护层内环流将很大。

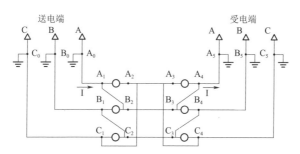

图 4.4-1 错误的交叉互联换位次序示例

4.5 电力电缆接地电流检测

不同的电缆护层接地方式下接地电流会有显著区别。电缆外护套发生破损，或者电缆屏蔽层发生断裂破损时，电缆护层接地电流都会发生变化。因此，通过对电缆护层接地电流的带电检测或在线监测可以发现安装过程中接地方式的错误、交叉互联系统中接线的错误，发现电缆护层多点接地、屏蔽层断裂等缺陷。

实践证明，电缆护层接地电流检测是检查电缆接地系统是否正常的有效手段。

4.5.1 检测仪器基本要求

（1）检测仪器主要是钳形电流表。钳形电流表应携带方便、操作简单、测量精度高，交流电流测量分辨率达到 0.2A，测量结果重复性好。

（2）钳形电流表应具备多量程交流电流挡。

（3）钳形电流表钳头开口直径应略大于接地线直径。

4.5.2 仪器操作注意事项

（1）使用钳形电流表测量时，应注意钳形电流表的电压等级和电流值挡位。测量时，应戴绝缘手套，穿绝缘鞋，要特别注意人体头部与带电部分保持足够的安全距离。

（2）电流表钳口套入导线前应充分调节好量程，不应在套入后再调节量程。因为仪表本身电流互感器在测量时副边是不允许断路的。当套入后发现量程选择不合适时，应先把钳口从导线中退出，然后才可调节量程。

（3）电流表钳口套入导线后，应使钳口完全密封，并使导线处于正中，否则会因漏磁严重而使所测数值不正确。

4.5.3　接地电流测试周期、诊断标准

（1）测试周期。基准周期为 12 个月。电力电缆护层接地电流测试一般在每年大负荷来临前、大负荷过后或者度夏高峰前后加强该项测试，对于运行环境差、陈旧或者有缺陷的设备，应增加接地电流检测次数。

（2）诊断标准。接地电流小于 100A，且接地电流与负荷电流比值小于 20%。

对接地电流数据分析，要结合电缆线路负荷情况，并综合分析接地电流异常发展变化趋势进行判断，判断基本依据是三相不平衡度以及接地电流与负荷电流比值。

4.5.4　电缆接地电流检测的注意事项

对电缆护层接地电流的判断应视不同接地方式具体分析，电缆投运初期和后期日常巡视的侧重点也应不同，不能套用同一个标准。分析数据时，要结合电缆线路的负荷情况以及接地电流异常的发展变化趋势，综合分析判断。

（1）对于电缆护层单端接地方式，接地电流主要为电容电流，不应随负荷电流变化而变化，单芯电缆的三相接地电流应基本相等，电流绝对值不应与负荷电流比较，而应当与设计值或计算值比较，偏差较大时应查明原因。

（2）对于电缆护层两端接地方式，接地电流主要为感应电流，其大小与负荷电流近似成正比。当三相非正三角形布置时，单芯电缆的三相接地电流会有差别（边相比中相大），但最大值与最小值之比应小于 2，接地电流的绝对值应不超过负荷电流的

10%，否则应采取措施，如改为电缆护层单端接地或交叉互联系统等。

（3）对于交叉互联系统，正常情况下应当三相平衡且数值都不大，当接地电流大于负荷电流的 10% 或三相差别较大时，应检查交叉互联接线是否错误，分段是否合理。

在电缆投运初期测量中，应重点分析是否存在电缆安装、设计错误；在日常巡视中，应注重与初期值的比较，有较大差异时，应查找电缆外护套绝缘及电缆接地系统故障。

4.5.5 电缆外护层接地电流检测通用技术标准

电缆外护层接地电流检测通用技术标准见附录 2。

第5章

现场检测典型案例及其分析

5.1 局部放电测试

案例1 某变电站110kV电缆高频局放测试

1. 案例经过

2020年1月，某单位运用电缆高频局放设备对某变电站进行电缆局部放电测试，该电缆为110kV单芯电缆，单芯电缆型号为YJLW03-64/110，截面积为$1×300mm^2$，长度为90m，投运日期为2009年7月，电缆外屏蔽层单端接地。

2. 检测分析方法

测试时采用高频电流传感器地线耦合方式，当本体、绝缘或附件绝缘中存在一点或多点缺陷时，缺陷部位的局部场强增强到超过所处绝缘介质的耐电强度时发生局部放电，产生的高频脉冲信号沿着电缆的屏蔽层传播入地，利用高频电流传感器捕获接地线上不同的频率区间的局部放电信号。由于电压同步信号相位与电缆实际电压相位不一致，不能作为判断依据，故在分析图谱中不显示电压同步信号。

对试验线路的三相单芯电缆进行带电局放测试，高频电流传感器捕获三相电缆接地线上的局部放电信号，测试系统在不同频率区间对数字信号进行一段时间的采集。回放录波信息，对数字信号进行噪声分离，识别具备放电特征的图谱。其局部放电脉冲信号如图5.1-1所示。

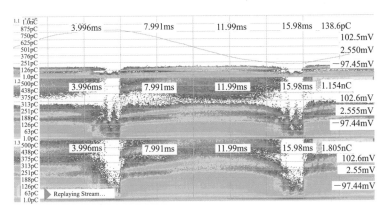

图 5.1-1　采集到的局部放电脉冲信号（从上到下分别为 A、B、C 相）

在 2MHz/4MHz/6MHz 发现局部放电特征的信号，利用三相幅值关系图式对采集到的疑似信号进行分离，如图 5.1-2、图 5.1-3 所示。

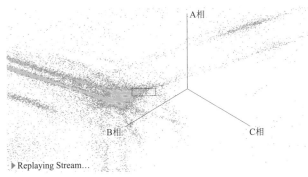

图 5.1-2　利用三相幅值关系图式对疑似信号分离

在 14MHz/16MHz/18MHz 上述信号依然存在，利用三相幅值关系图式对采集到的疑似信号进行分离，如图 5.1-4、图 5.1-5 所示。

3. 数据分析与结论

综合分析某变电站 110kV 电缆局部放电带电测试结果，该线路检测到一个疑似局放信号，疑似局放现象特征为电晕或悬浮放电，可能在 C 相，位置在近端。

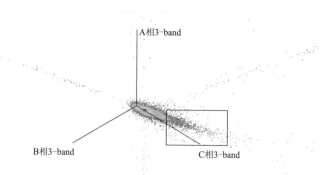

图 5.1-3　疑似信号分离结果（从上到下分别为 A、B、C 相）

图 5.1-4　利用三相幅值关系图对疑似信号分离

　　本次测试结果建议重点检查电缆头附近高场强区域是否存在接触不严或电位不固定的导体，在适当的时机再次开展局部放电带电测试，关注放电信号的强度和放电模式的变化，综合评估安全运行风险。

1.1	200pC	3.996ms	7.991ms	11.99ms	15.98ms	31.86pC
	175pC					
	150pC					102.7mV
	125pC					
	101pC					2.677mV
	76pC					
	51pC					97.32mV
	26pC					
1.2	1.0pC					
	200pC	3.996ms	7.991ms	11.99ms	15.98ms	32.65pC
	175pC					
	150pC					102.7mV
	125pC					
	101pC					2.677mV
	76pC					
	51pC					97.32mV
	26pC					
1.3	1.0pC					
	200pC	3.996ms	7.991ms	11.99ms	15.98ms	49.72pC
	175pC					
	150pC					102.7mV
	125pC					
	101pC					2.677mV
	76pC					
	51pC					97.32mV
	26pC					
	1.0pC					

图 5.1-5 疑似信号分离结果（从上到下分别为 A、B、C 相）

案例 2 超声超高频联合检测出 35kV GIS 电缆头表面局放

1. 案例经过

某公司对某站各电压等级 GIS 设备进行例行检测，在 35kV GIS 的 A 和 B 间隔靠近电缆终端处（测试点在电缆层内）测到明显的超高频和超声局放信号，进行初步定位确定问题来自电缆后，结合高频电流互感器（HFCT）进行局放测试分析。

超高频（UHF）和高频电流传感器（HFCT）的布置如图 5.1-6 所示。

图 5.1-6 传感器布置图

检测仪器测得的数据如图 5.1-7、图 5.1-8 所示。

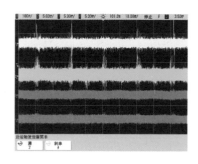 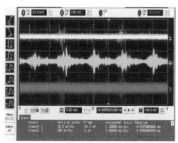

图 5.1-7　A 间隔中测得的放电信号　图 5.1-8　B 间隔中测得的放电信号
　　（UHF＋HFCT 方法设备截图）　　　　（AE＋UHF 方法设备截图）

　　打开两个电缆间隔 GIS 侧挡板后发现，电缆接头处铜质桩头严重锈蚀，电缆头绝缘外壳上有白色环状痕迹（疑为放电痕迹），如图 5.1-9 所示。

白色环状
放电痕迹

图 5.1-9　白色环状痕迹

　　用红外成像仪对该处进行热成像测温，发现白色环状处明显发热，红外热成像图如图 5.1-10～图 5.1-13 所示。

（a）红外测温图像　　　　　　　　　（b）现场位置

图 5.1-10　A 间隔 C 相（AR01：最大值 43℃）

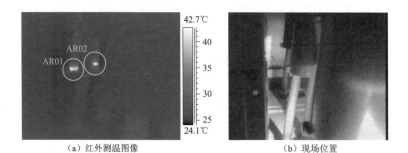

（a）红外测温图像　　　　　　　　　（b）现场位置

图 5.1-11　A 间隔 A 相（AR01：最大值 46℃；AR02：最大值 43℃）

图 5.1-12　B 间隔 B 相（AR01：最大值 43℃）

　　随后又对 B 间隔电缆终端进行紫外线电场分布检测，检测设备显示的测试结果如图 5.1-14、图 5.1-15 所示。

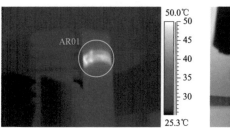

<table>
<tr><td>（a）红外测温图像</td><td>（b）现场位置</td></tr>
</table>

图 5.1-13　B 间隔 C 相（AR01：最大值 51℃）

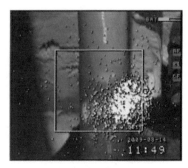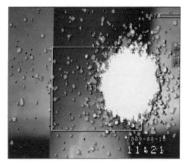

图 5.1-14　B 间隔 B 相紫外图片　　图 5.1-15　B 间隔 C 相紫外图片

2. 数据分析与结论

各种检测方法均表明，这两个间隔电缆终端表面存在局部放电，且放电程度比较严重，需要立即处理。

案例 3　高频局放检测出 220kV 电缆中间接头局放

1. 案例经过

2010 年 5 月，电缆运维单位对某 220kV 电缆线路进行现场耐压验收试验（试验电压 220kV，耐压时间 1h），在耐压过程中同步对隧道内电缆的接头进行分布式局放监测。测试中 $1.4U_0$ 下在电缆线路 17 号接头上发现 10pC 左右的局放，设备输出图如图 5.1-16 所示。

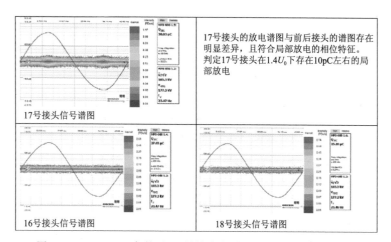

17号接头的放电谱图与前后接头的谱图存在明显差异，且符合局部放电的相位特征。判定17号接头在1.4U_0下存在10pC左右的局部放电

17号接头信号谱图

16号接头信号谱图

18号接头信号谱图

图 5.1-16 1.4U_0条件下 17 号接头与前后接头的信号图谱比较

1.2U_0/4MHz 测试频率下 17 号接头与前后接头的信号图谱比较设备输出图如图 5.1-17 所示。

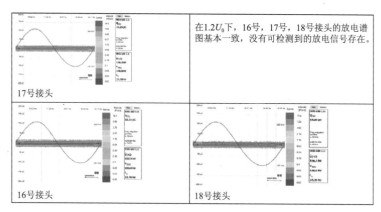

在1.2U_0下，16号、17号、18号接头的放电谱图基本一致，没有可检测到的放电信号存在。

17号接头

16号接头

18号接头

图 5.1-17 1.2U_0/4MHz 测试频率下 17 号接头与前后接头的信号图谱比较

2. 数据分析与结论

（1）解体电缆接头时发现接头内电缆本体上有微小局放缺陷，如图 5.1-18 所示。

（2）经验体会。为了提高电缆运行的可靠性，有必要在现场耐压验收的过程中同步进行局放测试。

图 5.1-18　解体电缆接头发现

微小局放缺陷（逐级放大）

案例 4　高频局放检测出 110kV 电缆终端内部放电

1. 案例经过

2008 年 7 月，对某 220kV 变电站 110kV 出线电缆终端进行测试，经测试发现 C 相终端头的一类信号疑似内部放电信号，具体情况如下：

（1）C 相放电的相位图谱及分类图谱设备输出图如图 5.1-19、图 5.1-20 所示。

（2）提取出其中黑色区域对应一类放电信号，对应的相位图谱、放电脉冲波形和频图谱设备输出图如图 5.1-21 所示。

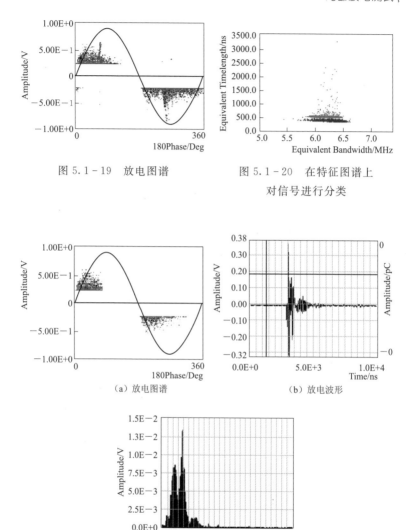

图 5.1-19 放电图谱

图 5.1-20 在特征图谱上
对信号进行分类

（a）放电图谱

（b）放电波形

（c）放电频谱

图 5.1-21 相位图谱、放电脉冲波形以及对应的频谱

（3）为进一步确认，使用开窗功能，单独测量该频段内的
信号，其相位图谱设备输出图如图 5.1-22 所示。

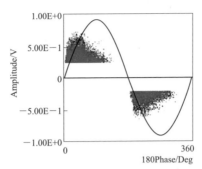

图 5.1-22　开窗后的相位图谱

2. 数据分析与结论

此类放电最大幅值在 500mV 左右，是电缆终端内部放电，其原因如下：

（1）对应相位关系明显，一、三象限为主。

（2）对应信号波形比较明显，为放电衰减波形。

（3）对应信号频率较高，为 6～8MHz，为近点放电。

案例 5　某 110kV 线路高频局放检测与定相

1. 案例经过

某 110kV 线路前后共开展了三次局部放电现场测试。

（1）8 月 11 日第一次测试。采用高频 MC 接触式传感器确定局放源几何位置，如图 5.1-23 所示。

图 5.1-23　测试现场几何位置图

PRPD 图谱、分类图谱设备输出图如图 5.1－24 所示。

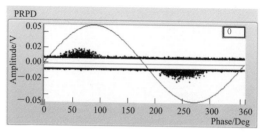

（a）PRPD 图谱

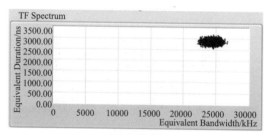

（b）分类图谱

图 5.1－24　第一次测试 PRPD 图谱、分类图谱

通过分析，可知局部放电位于 Y 形接头 A 相。

（2）8 月 12 日第二次测试。高频传感器 Y 形接头接地箱复测，图 5.1－25 所示为被测接地箱现场图。

图 5.1－25　被测接地箱现场图

接地箱的 PRPD 图、单脉冲波形图、频域波形图（设备输出图）如图 5.1－26 所示。

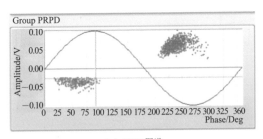

（a）PRPD图谱

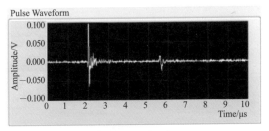

（b）单脉冲波形图

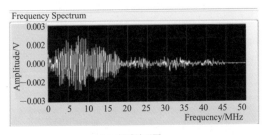

（c）频域波形图

Waveform Parameters

NO.	Name	Value	Unit
1	Pulse Amp.	97.656	mV
2	Discharge	97.656	pC

（d）局放数值

图 5.1－26　接地箱的 PRPD 图、单脉冲波形图、
频域波形图（设备输出图）

经测试，该接地箱最大放电量为 97.656mV。

（3）12 月 16 日第三次测试。使用高频传感器 Y 形接头对接地箱进行复测。

接地箱进行复测的 PRPD 图、单脉冲波形图、频域波形图（设备输出图）如图 5.1-27 所示。

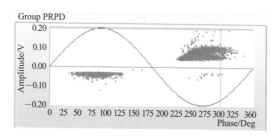

（a）PRPD图谱

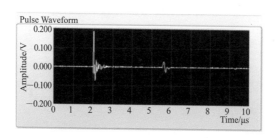

（b）单脉冲波形图

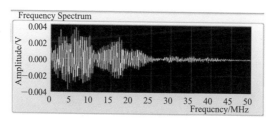

（c）频域波形图

图 5.1-27（一）　接地箱进行复测的 PRPD 图、单脉冲波形图、
频域波形图（设备输出图）

Waveform Parameters			
NO.	Name	Value	Unit
1	Pulse Amp.	189.819	mV
2	Discharge	189.819	pC

（d）局放数值

图 5.1-27（二）　接地箱进行复测的 PRPD 图、单脉冲波形图、
频域波形图（设备输出图）

测试得其最大放电量为 189.8mV。

本次测试的三相 PRPD 图（设备输出图）如图 5.1-28 所示。

2. 数据分析与结论

（1）通过比较三相的幅值与极性，可以确定放电源在 A 相。

（2）通过第二次、第三次测试趋势比较，可以看到最大放电量增一倍，密度也有明显增加，并且有新的放电点簇出现。

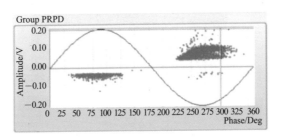

（a）A相PRPD图谱

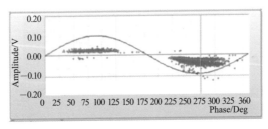

（b）B相PRPD图谱

图 5.1-28（一）　测试 A、B、C 三相 PRPD 图（设备输出图）

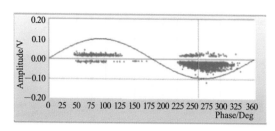

(c) C相PRPD图谱

图 5.1-28（二）　测试 A、B、C 三相 PRPD 图（设备输出图）

案例 6　高频法检测到某 GIS 终端电缆局部放电

1. 案例经过

高频局放检测传感器与相位线圈分别钳在 A、B、C 三相电缆 GIS 终端的接地线上，在三相的地线处均检测到局放信号，且 A 相 GIS 终端局放信号幅值最大约为 230mV，检测结果如下：

（1）A 相 GIS 终端。现场测得 A 相 GIS 终端局放谱图如图 5.1-29 所示，局放信号特征谱图呈"眼眉"状，局放信号最高幅值约为 230mV，最高幅值对应的相位为 270°。放电单脉冲核心频率为 7MHz，如图 5.1-29 所示。

（2）B 相 GIS 终端。现场测得 B 相 GIS 终端局放谱图如图 5-30 所示，局放信号特征谱图呈"眼眉"状，局放信号最高幅值约为 94mV，最高幅值对应的相位为 150°。放电单脉冲核心频率为 7MHz，如图 5.1-30 所示。

（3）C 相 GIS 终端。现场测得 C 相 GIS 终端局放谱图如图 5.1-31 所示，局放信号谱图特征呈"眼眉"状，局放信号最高幅值约为 65mV，最高幅值对应的相位为 30°。放电单脉冲核心频率为 7MHz，如图 5.1-31 所示。

采用特高频对放电源定位，其传感器布置位置如下：1 号探头放置于电缆终端环氧套，2 号探头放置于 13A-7 观察窗处，两探头距离 170cm。从示波器读出两传感器时间差为 1.35ns，放电源距离两探头位置 41cm，放电源距离 1 号探头 65cm。传感器波形如图 5.1-32 所示。

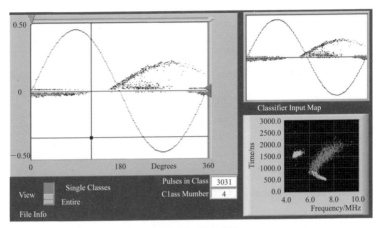

（a）局放信号特征谱图

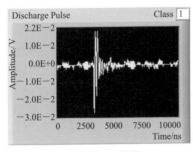

（b）A相PRPD图谱　　　　　（c）A相局部放电单脉冲波形

图 5.1-29　A 相 PRPD、局部放电单脉冲波形及频谱试验设备输出图

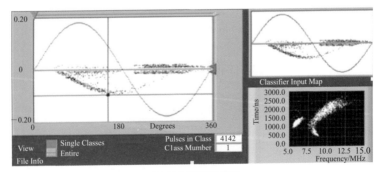

（a）局放信号特征谱图

图 5.1-30（一）　B 相 PRPD、局部放电单脉冲波形及频谱试验设备输出图

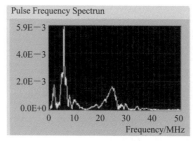

（b）A相PRPD图谱

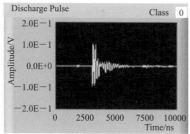

（c）A相局部放电单脉冲波形

图 5.1-30（二） B 相 PRPD、局部放电单脉冲波形及频谱试验设备输出图

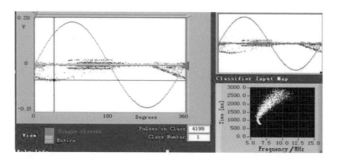

（a）局放信号特征谱图

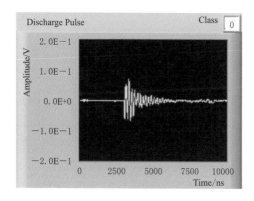

（b）A相PRPD图谱

图 5.1-31（一） C 相 PRPD、局部放电单脉冲波形及频谱试验设备输出图

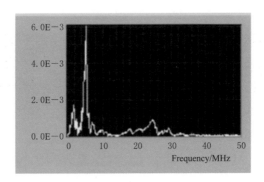

（c）A相局部放电单脉冲波形

图 5.1－31（二）　C 相 PRPD、局部放电单脉冲波形及频谱试验设备输出图

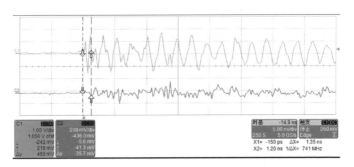

图 5.1－32　两传感器测得信号波形

2. 数据分析与结论

通过对高频法、特高频法检测结果进行分析，可将分析结果总结如下：

（1）高频法、特高频法检测结果均表明 A 相 GIS 终端局放信号最大。高频法显示局放最高幅值分别为 A 相 230mV、B 相 90mV、C 相 65mV。

（2）对高频法的特征谱图进行分析，发现 A、B、C 三相电缆 GIS 终端的放电谱图特征相似，均出现"眼眉状"放电谱图。通过对三相 GIS 终端的放电谱图相位调整与比较分析，可知三相 GIS 终端的相差 120°，因此判断高频法在三相电缆 GIS 终端处检测的局放信号为同一个放电源产生。

（3）通过局放定位最终确定局放信号产生于 A 相电缆 GIS
终端。

后经试验室分析排查，切开环氧套管查找缺陷点，在环氧
套管高压电极与环氧树脂之间发现气腔，如图 5.1 - 33 所示。

图 5.1 - 33 环氧套管气腔缺陷

**案例 7 特高频法、超声波法和高频电流法相结合检出电缆终端
放电缺陷**

1. 案例经过

某 110kV GIS 变电站投运不久开展带电检测工作，通过高
频局部放电与超声局部放电综合检测发现 504 电缆终端气室特
高频、超声波局部放电异常，初步判断 504 间隔电缆终端存在
绝缘缺陷。

首先运用特高频法检测到测试信号异常，试验设备输出图
如图 5.1 - 34 所示。由于 GIS 盆式绝缘子为带金属法兰，仅预
留一个较小的浇注孔，在电缆相近的盆式绝缘子浇注口处未检
测带特高频异常信号。

随后通过超声波信号检测发现 A、B 相电缆终端处存在超声
波异常信号。A、B、C 三相电缆终端超声波信号图谱试验设备
输出图如图 5.1 - 35 所示，其中 C 相超声波信号图谱与背景图

谱一致。

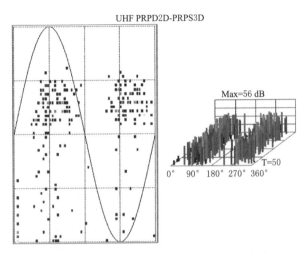

图 5.1-34　特高频局放测试信号异常检测设备输出图

　　为进一步查找缺陷位置，采用特高频定位仪器，对检测到的特高频信号进行了定位分析，判断特高频信号来源。特高频平面定位分析检测位置示意图如图 5.1-36 所示，其中黄色传感器与绿色传感器距离为 120cm。根据图 5.1-36 所示的各检测位置，检测到的时延定位图谱如图 5.1-37 所示。

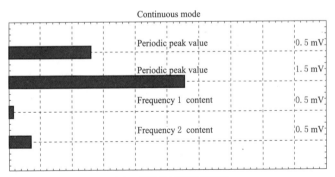

（a）A 相超声波局放检测图谱

图 5.1-35（一）　A、B、C 三相电缆终端超声波信号图谱

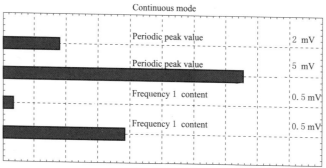

（b）B相超声波局放检测图谱

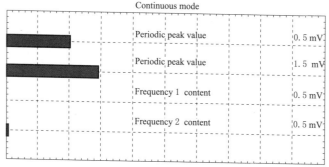

（c）C相超声波局放检测图谱

图 5.1-35（一） A、B、C三相电缆终端超声波信号图谱

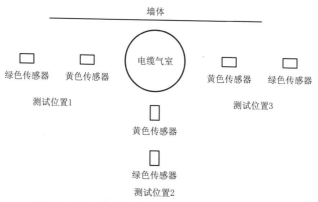

图 5.1-36 特高频平面定位分析测试位置示意图

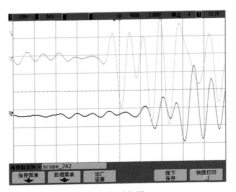

（a）测试位置1

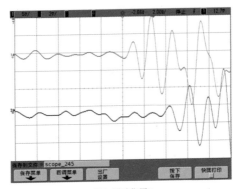

（b）测试位置2

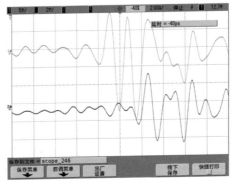

（c）测试位置3

图 5.1 - 37　时延定位图谱

如图 5.1 - 37 所示，三个测试位置中黄色传感器信号均超前绿色传感器信号 4ns 左右。在垂直方向上采用特高频检测法开展定位分析，检测位置如图 5.1 - 36 所示，两传感器垂直方向距离为 90cm，黄色传感器信号超前绿色传感器信号约 3ns。

采用高频电流法进行定相，检测三相高频电流如图 5.1 - 38 所示，A、B 相高频电流相位相同，与 C 相高频电流相位相反。

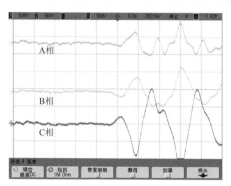

图 5.1 - 38　高频电流检测图谱

2. 数据分析与结论

（1）根据图 5.1 - 37 中图谱可知，一个周期内有两簇信号集聚，在不同幅值范围内均有分布，具有悬浮电位放电或绝缘类放电缺陷特征。

（2）由图 5.1 - 35 超声波信号图谱可知，超声波信号连续图谱具有明显的 100Hz 相关性，相位图谱在一个周期内具有两簇明显的集聚，且打点在不同幅值范围内均有分布，具有绝缘类放电缺陷特征。

（3）综合分析缺陷类型可能为绝缘类放电缺陷。

3. 缺陷定位分析

（1）图 5.1 - 37 中黄色传感器信号超前绿色传感器大约 4ns，根据特高频传播速度计算，两传感器间计算距离大概为 120cm，计算距离与三个测试位置两传感器间实际距离基本相同，垂直方向黄色传感器信号超前绿色传感器信号 3ns 左右。根据特高频传播速度计算，两传感器间计算距离大概为 90cm，计算距离与两传感器间实际距离基本相同。根据图 5.1 - 36、图 5.1 - 38 可知，可以排除特高频信号来自外部干扰的可能，检测到的特高频异常信号很可能来自电缆终端。

（2）根据图 5.1 - 35 可知，超声波检测仅在 A、B 相电缆终端检测到超声波异常信号，C 相电缆终端检测信号与背景信号相同，说明缺陷很可能发生在 A、B 两相。

（3）根据图 5.1 - 38 可知 A、B 相高频电流相位相同，且与 C 相高频电流相位相反，则可能是 C 相存在缺陷或 A、B 相同时存在缺陷，结合超声波检测可知，A、B 相同时存在缺陷的可能性较大，结合特高频、超声波及高频电位定位定相分析，可判断 504 间隔电缆终端 A、B 相存在放电缺陷。

案例 8　特高频法、超声波法相结合检出某 110kV 电缆终端放电缺陷

1. 案例经过

某 110kV 电缆，型号为 YJLW - 03 - 64/110，总长度为 64m，2013 年 9 月投入运行。2018 年 1 月 30 日对该电缆进行日常巡视发现电缆终端存在"嗡嗡"异响声，随后组织进行局部放电带电检测。

通过横向测试对比发现，2 号主变 102 间隔 A、C 两相电缆终端超声信号与背景值几乎一致，而 B 相电缆终端处有明显异常的超声信号，但未检测到特高频、高频异常信号。将该主变空载运行后，异常信号幅值有所降低。初步判断为变压器机械振动所致。

随后对该电缆进行特高频与高频联合局放检测，在 2h 的测试时间中，捕捉到 2 次明显的特高频局放信号，试验设备输出图如图 5.1 - 39 所示。特高频信号明显有集中信号成簇出现，由于出现时间较短，保存结果时信号已在 PRPS 3D 图谱的时间轴上行进了一段距离，但在持续的检测中一直未发现高频电流异

常信号。

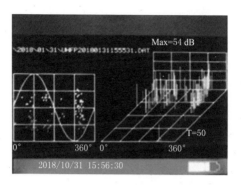

图 5.1-39 特高频局放图谱

翌日，再次在 2 号主变空载情况下对 402 间隔 B 相电缆终端进行局部放电检测，检测设备为上海华乘 PDS-T90 局部放电测试仪和 C-I500 局部放电定位仪。PDS-T90 测试结果显示，超声波信号依然很明显，捕捉到的 4 次特高频信号，检验设备输出图如图 5.1-40 所示。前两次与第四次特高频信号在 90°相位处较为明显，第三次捕捉到的信号在 270°相位处较为明显，较上次测试时出现频率更高且更容易捕捉，测试幅值也更大，高频电流信号依然没有出现。综合来看探疑电缆外层存在气隙放电。

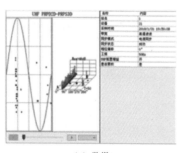

(a) 数据1

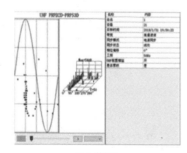

(b) 数据2

图 5.1-40（一） PDS-T90 测试 4 次的

特高频信号图谱

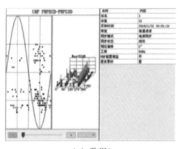　　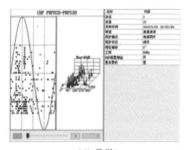

（c）数据3　　　　　　　　　　　（d）数据4

图 5.1－40（二）　　PDS－T90 测试 4 次的特高频信号图谱

　　为了进一步确定局放存在位置，接下来采用 G－1500 进行超声波定位测试。传感器贴合位置如图 5.1－41 中所示，示波器检测结果如图 5.1－42 所示，可以看出两个传感器获取的脉冲信号起始沿基本一致，说明信号来自两个传感器中间位置，也就是图 5.1－41 所示的标注位置，与听到声音最大处基本一致。

　　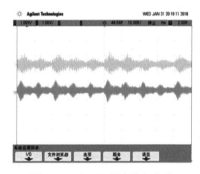

图 5.1－41　超声波传感器　　　　图 5.1－42　超声波纵向定位
　　　　布置图　　　　　　　　　　　　示波器测试结果

　　2. 数据分析与结论

　　综合上述测试结果，怀疑该电缆终端存在较大幅值的机械振动，同时电缆终端如图 5.1－41 处存在局部放电信号，结合超声波信号和特高频信号特征，初步判断该缺陷为空穴或污秽类局放缺陷，且空穴位于电缆外层。

案例9 特高频法、高频电流法相结合检出某110kV电缆终端放电缺陷

1. 案例经过

2013年1月，例行带电检测工作发现1号主变压器110kV侧B相电缆终端存在异常信号，随后利用变压器局放超声波定位系统对B相电缆终端进行了局部放电源定位，依据带电检测情况与分析结果，确定放电源集中在尾管中部外侧位置。考虑到局部放电信号的串扰影响，为排除设备缺陷隐患和验证带电检测结果，对1号主变侧和GIS侧电缆终端进行了更换。

高频、特高频局放检测情况：采用高频钳形电流传感器和相应数据采集单元对发现异常信号的1号主变压器10kV侧出线A、B、C三相电缆终端进行了高频局放检测。检测设备输出结果图谱如图5.1-43所示，从高频局放检测图谱可以看出A、C相局放信号最大幅值约为200mV，且相位相同，而B相局放信号最大幅值为600mV，远远大于A、C两相，且其相位恰好与A、C相相位相反。由此可以判定局放源位于B相，A、C相检测到的局放信号是B相局放信号传播的结果。

采用特高频局放检测仪对B相电缆终端进行测试，所得测试设备输出图谱如图5.1-44所示。由图5.1-44可知，所测部位局放幅值已达70%～90%，且局放信号正好出现在+pk和-pk处，符合悬浮放电的谱图特征。

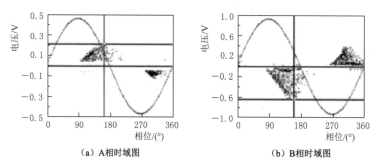

(a) A相时域图　　　　　(b) B相时域图

图5.1-43（一） 高频局放检测相位时域图与时间时域图图谱

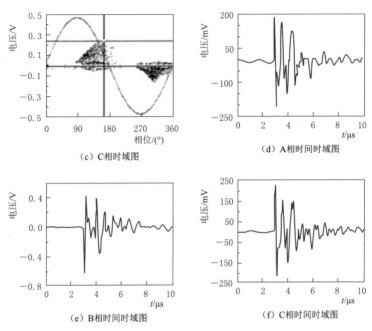

（c）C相时域图

（d）A相时间时域图

（e）B相时间时域图

（f）C相时间时域图

图 5.1 - 43（二）　高频局放检测相位时域图与时间时域图图谱

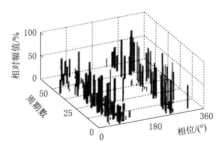

图 5.1 - 44　特高频局放检测图谱

　　确定设备存在局部放电后，利用超声波局放定位系统进行放电源定位。通过多次移动定位探头位置，发现其电缆终端尾管中部超声波幅值最大，其测试设备输出波形如图 5.1 - 45 所示，放电源实际位置如图 5.1 - 46 所示。

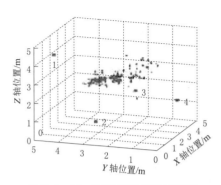
图 5.1-45 超声波定位测试波形

图 5.1-46 放电源实际位置

2. 数据分析与结论

在本案例中，通过高频、特高频检测将局放源定位到了 1 号主变压器 110kV 侧 B 相电缆终端，再通过超声波定位系统最终确定放电源为其电缆终端尾管中部外侧位置。

5.2 附件封铅涡流测试

案例 1 某变电站 110kV 电缆接头封铅涡流探伤检测

1. 案例经过

使用 JWY-18-30R 型电缆涡流探伤仪对多座变电站 110kV 电缆接头封铅进行封铅涡流检测，在试验开始前，先用不同深度的标准铅块对封铅裂纹进行模拟，标准铅块如图 5.2-1 所示。对标准铅块进行测试，其不同裂纹深度型号波形及无缺陷表面波形测试图如图 5.2-2 所示，通过对标准铅块进行测试，设置检测电源频率为 55Hz，基准增益为 45dB、调整相位角为 45°，使波形中轴线与示波器 Y 轴重合。

在得到标准图谱后，对电缆接头处封铅进行测试，检测时，被试电缆均处于正常运行状态。

（a）标准铅块主视图

（b）标准铅块侧视图

图 5.2 - 1　具有不同裂纹深度的标准铅块

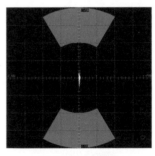

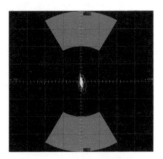

（a）无裂纹测试波形　　　　　　　　（b）0.5mm裂纹测试波形

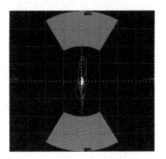

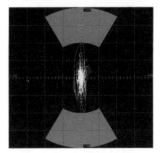

（c）1mm裂纹测试波形　　　　　　　　（d）2mm裂纹测试波形

图 5.2 - 2　不同裂纹深度型号波形及无缺陷表面波形测试示意图

对被试电缆接头封铅测试时，工作人员手持仪器探头，沿电缆头表面进行来回刷动，同时观察示波仪中所显示的波形形态，如图 5.2－3 所示。

图 5.2－3　工作人员测试图

通过对检测试块进行灵敏度调校设置，对曙光站内的 110kV 曙丰Ⅰ线、110kV 曙丰Ⅱ线进行检测时，发现 110kV 曙丰Ⅰ线-B线相存在缺陷，其现场测量图与缺陷波形图如图 5.2－4 所示。从可以明显缺陷波形中看到代表存在缺陷"8"字形波形。

对西郊站 110kV 临西线和 110kV 曙西Ⅱ线进行测试，测试时发现 110kV 临西线 A 相线存在异常信号，其现场测量图与缺陷波形图如图 5.2－5 所示。从缺陷波形中可以明显看到代表存在缺陷"8"字形波形。

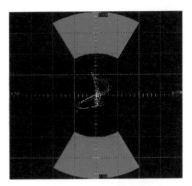

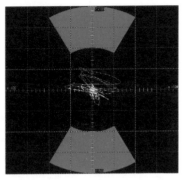

图 5.2-4　110kV 曙丰Ⅰ线-B 线涡流探伤现场检测波形图

图 5.2-5　110kV 临西线 A 相涡流探伤现场检测波形图

2. 数据分析与结论

现场测试的故障点如图 5.2-6 所示。现场测试结果表明电缆被测部位可能存在封铅工艺不当、漏封铅或封铅厚度稀薄、封铅表面有沟槽、有较大的凸起或者凹陷、封铅不均匀等问题，由此造成了涡流信号的畸变。

图 5-2.6　现场测试电缆终端封铅表面

案例 2 两条电缆封铅检测出异常信号及解体分析

1. 案例经过

对 A、B 两条电缆进行封铅涡流检测。

对于电缆 A，其现场测试图、异常信号图和解体图如图 5.2 - 7～图 5.2 - 9 所示。

图 5.2 - 7 现场检测图 　图 5.2 - 8 异常信号现场测试图谱

对于电缆 B，异常信号图和解体图如图 5.2 - 10、图 5.2 - 11 所示。

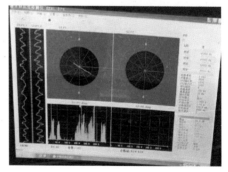

图 5.2 - 9 解体后的 　图 5.2 - 10 异常信号现场测试图谱
　　　封铅空隙

2. 原因分析

造成电缆头塘铅破损的主要原因为是电缆终端头封铅工艺差，封铅时存在空隙或气泡，导致焊接时，与铝管无法紧密结合，或者封铅过程中混入杂质。

采用上述测量和分析方法其他单位检出的缺陷如图 5.2-12 所示。

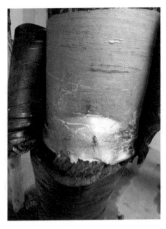

图 5.2-11 解体后的封铅内有异种金属

（a）封铅大面积脱落　　　　（b）封铅贯穿性裂纹

图 5.2-12 其他单位检出缺陷

3. 分析与结论

（1）未正确选用封铅方法、封铅工艺流程控制不严、封铅材料配比不当均可导致封铅附着不牢固的现象出现。

（2）运行年久的老旧电缆，在垂直布置承受纵向受力或者水平布置承受侧向受力的情况下，容易导致封铅形成贯穿性裂纹。

附录 1　高频局部放电检测通用技术标准

1　范围

本标准适用于内蒙古电力（集团）有限责任公司 35kV 及以上变电站的变压器、避雷器、耦合电容器、电容式电压互感器、电流互感器、高压电力电缆和高压套管等容性设备。

2　规范性引用文件

下列文件对于本文件的应用是必不可少的。凡是注日期的引用文件，仅所注日期的版本适用于本文件。凡是不注日期的引用文件，其最新版本（包括所有的修改单）适用于本文件。

Q/ND 10501 06 内蒙古电力（集团）有限责任公司输变电设备状态检修试验规程

Q/ND 10702 07 内蒙古电力（集团）有限责任公司十八项电网重大反事故措施

3　术语和定义

无。

4　检测条件

4.1　环境要求

除非另有规定，检测均在当地大气条件下进行，且检测期间，大气环境条件应相对稳定。

（1）检测目标及环境的温度不宜低于 5℃。

（2）环境相对湿度不宜大于 80%，雷、雨、雾、雪等天气不得进行检测。

（3）检测时应避免手机、照相机闪光灯等无线信号的干扰。

（4）室内检测避免气体放电灯等对检测数据的影响。

（5）进行检测时应避免干扰源和大型设备振动带来的影响。

4.2　待测设备要求

（1）设备处于带电状态。

（2）待测设备上无其他作业。

（3）待测设备接地引线（或被检电缆本体）上无其他耦合回路。

4.3　人员要求

电力设备高频局部放电的带电检测，检测人员应具备如下条件：

（1）熟悉高频局部放电检测的基本原理、诊断程序和缺陷定性的方法。

（2）了解高频局部放电检测仪的技术参数和性能，掌握高频局部放电检测仪的操作程序和使用方法。

（3）了解被测电力设备的结构特点、运行状况和导致设备故障的基本因素。

（4）经过上岗培训并考试合格。

（5）具有一定的现场工作经验，熟悉并能严格遵守电力生产和工作现场的相关安全管理规定。

4.4　安全要求

（1）应严格执行公司转发的国家电网公司《电力安全工作规程（变电部分）》的相关要求。

（2）应确保操作人员及测试仪器与电力设备的带电部位保持足够的安全距离。

（3）应避开设备防爆口或压力释放口。

（4）测试中，电力设备的金属外壳应接地良好。

（5）在使用传感器进行检测时，应戴绝缘手套，避免手部直接接触传感器金属部件。

（6）应在良好的天气下进行，如遇雷、雨、雪、雾不得进行该项工作，风力大于 5 级时，不宜进行该项工作。

（7）行走中注意脚下，防止踩踏设备管道、二次线缆。

（8）防止传感器坠落而误碰设备。

（9）保证被测设备绝缘良好，防止低压触电。

4.5　仪器要求

电力设备高频局部放电检测系统一般由高频电流传感器、相位信息传感器、信号采集单元、信号处理单元和数据处理终端和显示交互单元等构成。高频局部放电检测仪器应经具有资质的相关部门校验合格，并按规定粘贴合格标志。

4.5.1　主要技术指标

（1）检测频率范围：$3\sim30\mathrm{MHz}$。

（2）检测灵敏度：$\leqslant-100\mathrm{dB}/10\mathrm{pC}$。

（3）高频电流传感器需有较强的抗工频的磁饱和能力。

4.5.2　功能要求

（1）具备连续测量能力，内外两种同步模式，能识别和抑制干扰，拥有局部放电波形和数值两种显示功能。

（2）具有放电相位、幅值、放电频次信息显示功能。

（3）具备数据保存功能，可实现数据、图像的动态回放和无线传输。

（4）检测仪器具备抗外部干扰的功能。

（5）按预设程序定时采集和存储数据的功能。

（6）宜具备检测图谱显示。提供局部放电信号的幅值、相位、放电频次等信息中的一种或几种，并可采用波形图、趋势图等谱图中的一种或几种进行展示。

（7）宜具备放电类型识别功能。宜具备模式识别功能的仪器应能判断容性设备中的典型局部放电类型（自由金属颗粒放电、悬浮电位体放电、沿面放电、绝缘件内部气隙放电、金属尖端放电等），或给出各类局部放电发生的可能性，诊断结果应当简单明确。

（8）电池工作时间：充满电后连续工作时间不小于 6h。

5 检测准备

（1）检测前，应了解被测设备数量、型号、制造厂家、安装日期等信息以及运行情况。

（2）配备与检测工作相符的图纸、上次检测的记录、标准化作业执行卡。

（3）检查环境、人员、仪器、设备满足检测条件。

（4）确认被测设备末屏接地良好，无开路风险。

（5）现场具备安全可靠的独立电源，禁止从运行设备上接取检测用电源。

（6）按相关安全生产管理规定办理工作许可手续。

6 检测方法

6.1 检测原理图

当局部放电在电力设备很小的范围内发生时，局部击穿过程很快，将产生很陡的脉冲电流，脉冲电流将流经电力设备的接地引下线，同时会在垂直于电流传播方向的平面上产生磁场。通过在电力设备的接地线上安装高频电流传感器和相位信息传感器，从局部放电产生的磁场中耦合能量，再经线圈转化为电信号的方式，可以检测判断电力设备中的局部放电缺陷。如图 1所示。

6.2 检测步骤

（1）根据不同的电力设备及现场情况选择适当的测试点，保持每次测试点的位置一致，以便于进行比较分析。

（2）在设备末屏接地端（包括变压器铁芯、避雷器接地引下线等）安装高频局部放电传感器和相位信息传感器，设备电流方向应与传感器的标注要求一致。

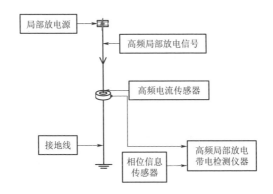

图 1　高频局部放电检测原理图

（3）开机后，运行监测软件，检查主机与电脑通信状况、同步状态、相位偏移等参数。

（4）进行系统自检，确认各检测通道工作正常。

（5）测试背景噪声。测试前将仪器调节到最小量程，测量空间背景噪声值并记录。

（6）根据现场噪声水平设定各通道信号检测阈值。

（7）开始测试，打开连接传感器的检测通道，观察检测到的信号。测试时间不少于 60s。

（8）如果发现信号无异常，保存数据，退出并改变检测位置继续下一点检测；如果发现信号异常，则延长检测时间并记录 3 组数据，进入异常诊断流程。

（9）对于异常的检测信号，可以使用诊断型仪器进行进一步的诊断分析，也可以结合其他检测方法进行综合分析。

6.3　检测验收

（1）检查检测数据是否准确、完整。

（2）恢复设备到检测前状态。

7　检测数据分析与处理

首先根据相位图谱特征判断测量信号是否具备典型放电图谱特征或与背景或其他测试位置有明显不同，若具备，继续如下分析和处理：同一类设备局部放电信号的横向对比。相似设备在相似环境下检测得到的局部放电信号，其测试幅值和测试谱图应相似，同一变电站内的同类设备也可以作类似横向比较；同一设备历史数据的纵向对比。通过在较长的时间内多次测量同一设备的局部放电信号，可以跟踪设备的绝缘状态劣化趋势，如果测量值有明显增大，或出现典型局部放电谱图，可判断此测试点内存在异常，典型放电图谱参见附录 B。

若检测到有局部放电特征的信号，当放电幅值较小时，判定为异常信号；当放电特征明显，且幅值较大时，判定为缺陷信号。电力设备高频局部放电检测的指导判据参见附录 C。

必要时，应结合特高频、超声波局部放电和油气成分分析等方法对被测设备进行综合分析。

对于具有等效时频谱图分析功能的高频局放检测仪器，应将去噪声和信号分类后的单一放电信号与典型局部放电图谱（附录 B）相类比，可以判断放电类型、严重程度、放电信号远近等，信号分类方法参见附录 C。"对于异常和缺陷信号，要结合测试经验和其他试验项目测试结果进行危险性评估"。

8　检测原始数据和报告

8.1　原始数据

在检测过程中，应随时保存高频局放检测原始数据，存放方式如下：

（1）建立一级文件夹，文件夹名称：变电站名＋检测日期（如：衢州变 20150101）。

（2）建立二级文件夹，文件夹名称：间隔名称调度号＋设备名称（如：衢城 1751 线 CT、衢城 1751 线避雷器、衢城 1751 线 PT）。

（3）文件名：间隔内设备名称＋设备相位（如：衢城 1751 线 CT A 相、衢城 1751 线 CT B 相、衢城 1751 线 CT C 相）。

（4）当检测到异常时，需对该间隔上的同类容性设备进行检测并分别建立文件夹，文件夹名称：调度号＋相别（A、B、C）。每个检测部位应记录不少于 3 张三维图谱，且应尽量在减少外界干扰的情况下，在检测到最大局放信号处，存储不少于 2 组二维图谱，便于信号诊断分析。

8.2　检测报告

检测工作结束后，应在 15 个工作日内将试验报告整理完毕并录入 MIS 系统，记录格式见附录 A。

附录 A（规范性附录）
高频局部放电检测报告

A.1　高频局部放电检测报告

高频局部放电检测报告见表 A.1。

表 A.1　　　　　　　　高频局部放电检测报告

一、基本信息

变电站		委托单位		试验单位		运行编号	
试验性质		试验日期		试验人员		试验地点	
报告日期		编制人		审核人		批准人	
试验天气		环境温度 /℃		环境相对湿度 /%			

二、设备铭牌

生产厂家		出厂日期		出厂编号	
设备型号		额定电压 /kV			

三、检测数据

序号	间隔名称	设备名称和相位	图谱文件	是否存在放电信号（打钩）	测试值（峰值）/mV
1			图谱	是/否	
2			图谱	是/否	
3			图谱	是/否	
4			图谱	是/否	
5			图谱	是/否	
6			图谱	是/否	
7			图谱	是/否	

序号	间隔名称	设备名称和相位	图谱文件	是否存在放电信号（打钩）	测试值（峰值）/mV
8			图谱	是/否	
9			图谱	是/否	
10			图谱	是/否	
特征分析					
检测仪器					
结论					
备注					

注　如测试时，探头后需增加滤波器进行消噪处理，请在备注处予以注明。

附录 B (资料性附录)
高频局部放电检测的典型图谱

B.1 典型高频局部放电图谱特征

高频局部放电检测典型图谱图谱见表 B.1。

表 B.1　高频局部放电检测典型图谱

放电类型	图　谱　特　征	缺　陷　分　析
电晕放电	**相位谱图** — 横轴 Phase/Deg (0, 180, 360)，纵轴 Amplitude/V (5.00E-2, 2.50E-2, 0, -2.50E-2, -5.00E-2)；**分类图谱** — 横轴 Equivalent Bandwidth/MHz (9.5, 10.0, 10.5, 11.0)，纵轴 Equivalent Timelength/ns (50.0, 60.0, 70.0, 80.0, 90.0, 100.0, 110.0, 120.0)	高电位处存在尖端，电晕放电一般出现在电压周期的负半周。若低电位处也有尖端，则负半周出现的放电脉冲幅值较大，正半周幅值较小

续表

放电类型	图　谱　特　征	缺　陷　分　析
电晕放电	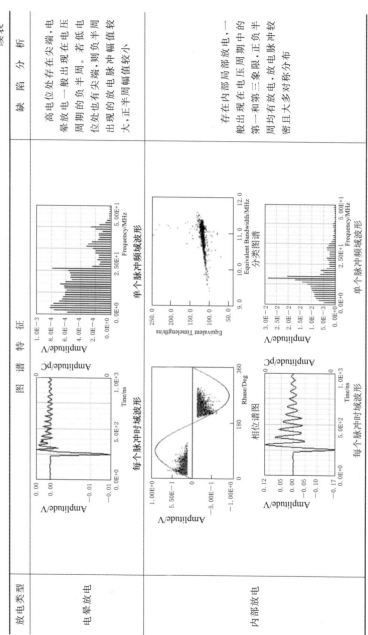	高电位处存在尖端，电晕放电一般出现在电压周期的负半周。若低电位处也有尖端，则负半周出现的放电脉冲幅值较大，正半周幅值较小
内部放电		存在内部局部放电，一般出现在电压周期中的第一和第三象限，正负半周均有放电，放电脉冲较密且大多对称分布

续表

放电类型	图　谱　特　征	缺　陷　分　析
沿面放电		存在沿面放电时，一般在一个半周出现的放电脉冲幅值较大、脉冲较稀，在另一半周放电脉冲幅值较小，脉冲较密

相位谱图

分类图谱

每个脉冲时域波形

单个脉冲频域波形

附录 C（资料性附录）
高频局部放电信号分类方法

C.1　信号分类方法

同一信号源的信号（放电信号或干扰信号）具有相似的时域和频域特征，他们在时频图中会聚集在同一区域。反之，不同类型的信号在时域特征或者频域特征上有区别，因此在时频图中会相互分开。按照时频图中的区域分布特征，可将信号分离分类，分类的原则可以参考表 C.1 的方法。

表 C.1　　　　　　　　高频局部放电信号分类方法

特点	参考方法	典型示例
有明显的聚团特征，具有明显的聚团中心，各团之间分区明显，没有交集	将各团所在区域划分为一类	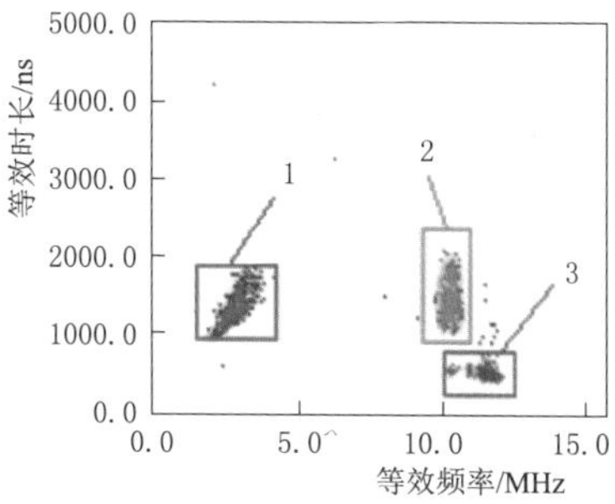
有明显的聚团特征，具有明显的聚团中心，但各团之间分区不明，存在交集	将各团所在的中心区域划分别划为一类	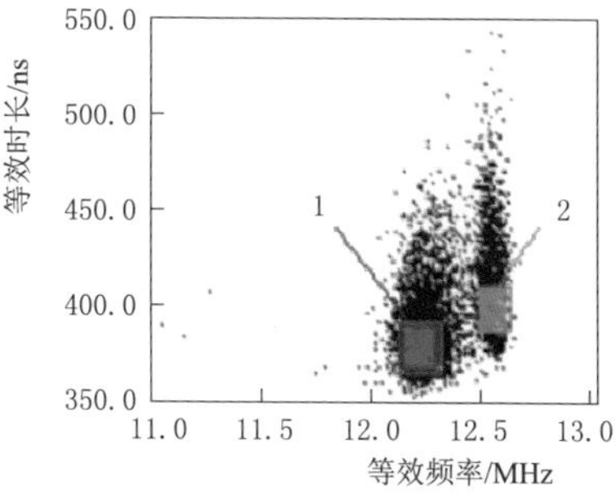

附录 D（资料性附录）
高频局部放电接线示意图

D. 1   变压器类设备

对于变压器类设备，高频局部放电检测可以从铁芯接地线、夹件接地线和套管末屏接地线上安装高频局部放电传感器，一般在安装高频局部放电传感器的同一接地线上或者从检修电源箱处安装相位信息传感器，使用时应注意放置方向，应保证电流入地方向与传感器标记方向一致。如图 D. 1 所示。

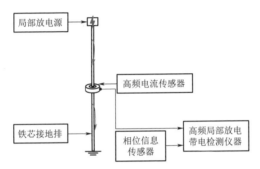

图 D. 1   变压器类设备高频局部放电检测示意图

D. 2   电容型设备及避雷器设备

对于电容型设备和避雷器等设备，高频局部放电检测可以从设备末屏接地线、末端引下线上安装高频局部放电传感器，一般在安装高频局部放电传感器的同一接地线上或者从检修电源箱处安装相位信息传感器，使用时应注意放置方向，应保证电流入地方向与传感器标记方向一致。如图 D. 2 所示。

D. 3   电力电缆设备

对于电力电缆设备，可以在电缆附件接地线上安装高频局部放电传感器，在电缆单相本体上安装相位信息传感器。如果存在无外屏蔽的电缆终端接头，高频局部放电传感器也可以安装在该段电缆本体上，使用时应注意放置方向，应保证电流入地方向与传感器标记方向一致。如图 D.3 所示。

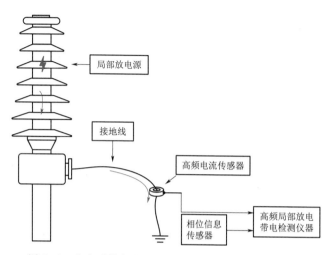

图 D.2　电容型设备和避雷器高频局部放电检测示意图

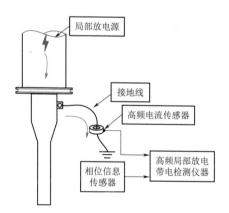

图 D.3　电力电缆附件高频局部放电检测原理

D.4　其他设备

其他设备或结构参照执行。

附录 2　电缆外护层接地电流检测通用技术标准

1　范围

本标准适用于内蒙古电力（集团）有限责任公司 35kV 及以上变电站内的单芯高压橡塑绝缘电缆。

2　规范性引用文件

下列文件对于本文件的应用是必不可少的。凡是注日期的引用文件，仅所注日期的版本适用于本文件。凡是不注日期的引用文件，其最新版本（包括所有的修改单）适用于本文件。

Q/ND 10501 06 内蒙古电力（集团）有限责任公司输变电设备状态检修试验规程

Q/ND 10702 07 内蒙古电力（集团）有限责任公司十八项电网重大反事故措施

3　术语和定义

无。

4　检测条件

4.1　环境要求

除非另有规定，检测均在良好大气条件下进行，且检测期间，大气环境条件应相对稳定。

（1）检测温度不宜低于 5℃。

（2）环境相对湿度不宜大于 80%，若在室外不应在有雷、雨、雾、雪的环境下进行检测。

4.2 待测设备要求

(1) 待测设备处于运行状态。

(2) 接地点位置满足测试人员带电安全距离要求,测试人员应能顺利到达测试部位开展检测。

4.3 人员要求

进行高压电缆外护层接地电流带电检测的人员应具备如下条件:

(1) 了解高压电缆设备(电缆接头、终端等)的结构特点、工作原理、运行状况和导致设备故障的基本因素。

(2) 熟悉电缆外护层接地电流检测的基本原理。

(3) 了解钳形电流表的工作原理、技术参数和性能,掌握钳形电流表的操作方法。

(4) 具有一定的现场工作经验,熟悉并能严格遵守电力生产和工作现场的相关安全管理规定。

(5) 经过上岗培训并考试合格。

4.4 安全要求

(1) 应严格执行公司转发的国家电网公司《电力安全工作规程(变电部分)》的相关要求。

(2) 带电检测工作不得少于两人。检测负责人应由有经验的人员担任,开始检测前,检测负责人应向全体检测人员详细布置安全注意事项。

(3) 应在良好的天气下进行,如遇雷、雨、雪、雾不得进行该项工作,风力大于 5 级时,不宜进行该项工作。

(4) 检测时应与设备带电部位保持足够的安全距离,并戴绝缘手套,穿绝缘鞋。

(5) 进行检测时,要防止误碰误动设备。

4.5 仪器要求

高压电缆外护层接地电流带电检测工作一般采用钳型电流表。

4.5.1 主要技术指标

(1) 检测电流范围:0~500A。

(2) 分辨率:≤0.2A。

4.5.2　功能要求

（1）钳型电流表应携带方便、操作简单，测量精度高，测量结果重复性好。

（2）应具备多量程交流电流挡。

（3）钳型电流表钳头开口直径应大于接地线直径。

5　检测准备

（1）检测前，应了解被试设备型号、制造厂家、安装日期等信息，掌握被试设备运行状况、历史缺陷以及家族性缺陷等信息，制定相应的技术措施。

（2）配备与检测工作相符的图纸、上次检测的记录、标准作业卡。

（3）掌握被试设备历次测试数据。

（4）检查环境、人员、仪器、设备满足检测条件。

（5）按相关安全生产管理规定办理工作许可手续。

6　检测方法

6.1　检测原理

单芯高压电缆线路接地方式采用单端接地或交叉互联接地，正常情况下金属护套上接地电流为零或很小。单芯高压电缆线路外护层发生老化或破损等现象时，金属护套上接地电流将有明显变化。通过测量单芯高压电缆线路金属护套接地电流，可以及时反应电缆线路外护层的健康状况。

6.2　检测步骤

（1）检测前，钳型电流表处于正确档位，量程由大至小调节，测试接地电流。

（2）记录负荷电流。

（3）做好测量数据记录。

6.3　检测验收

检查检测数据是否准确、完整。

7　检测数据分析与处理

（1）结合电缆线路的负荷情况，依据下列试验标准比较测试结果是否满足测试标准要求：

橡塑绝缘电力电缆外护层接地电流：＜100A，且接地电流与负荷比值＜20％（注意值）。

（2）对于接地电流异常的电缆线路进行跟踪分析，对于问题严重设备应在一周内进行复测。

8　检测原始数据和记录

检测工作完成后，应在 15 个工作日内完成检测记录整理并录入 MIS 系统，报告格式见附录 A。

附录 A（规范性附录）
高压电缆外护层接地电流检测报告

A.1　高压电缆外护层接地电流检测报告

高压电缆外护层接地电流检测报告见表 A.1。

表 A.1　　　　高压电缆外护层接地电流检测报告

一、基本信息

变电站		委托单位		试验单位		
试验性质		试验日期		试验人员		试验地点
报告日期		编制人		审核人		批准人
试验天气		温度/℃		湿度/%		

二、检测数据

电缆名称	测量地点	测量时间	负荷电流/A	负载率/%	相别	终端接地电流/A
					A1	
					B1	
					C1	
					d	
仪器型号						
结论						
备注						

参 考 文 献

［1］ 胡其秀．电力电缆线路手册：设计、施工安装、运行维护［M］．
北京：中国水利水电出版社，2005.

［2］ 史传卿．电力电缆安装运行技术问答［M］．北京：中国电力出版
社，2002.

［3］ 李宗廷，王佩龙，赵广庭，等．电力电缆施工手册［M］．北京：
中国电力出版社，2002.

［4］ 牟磊．电力电缆局部放电带电检测技术研究［D］．济南：山东大
学，2017.

［5］ 何宝昌．高压电缆局部放电带电检测系统研究［D］．北京：华北电
力大学，2013.

［6］ 杨永明．电力变压器局部放电在线监测中干扰识别和抑制方法的研
究［D］．重庆：重庆大学，1999.

［7］ 国家电网公司运维检修部．国家电网公司电网设备状态检修丛书电
网设备带电检测技术［M］．北京：中国电力出版社，2014.

［8］ 蒲金雨，黎大健，赵坚．用于电力电缆局部放电检测的高频与特高
频传感器研究［J］．广西电力，2015，38（5）：19-22.

［9］ 陈庆国，蒲金雨，丁继媛，等．电力电缆局部放电的高频与特高频
联合检测［J］．电机与控制学报，2013，17（4）：39-44.

［10］ 邵先军，何文林，李晨，等．GIS特高频局部放电检测与诊断技术
的研究进展［J］．浙江电力，2016，35（10）：7-14.

［11］ 王彩雄．局部放电特高频检测抗干扰与诊断技术的研究［D］．北
京：华北电力大学，2009.

［12］ 刘汝峰．特高频局部放电检测的优点分析［J］．科学大众（科学教
育），2015（10）：187.

［13］ 内蒙古电力（集团）有限责任公司．变电检测通用技术标准（试
行）：Q/ND 10503 93—2020［S］．呼和浩特，2020.

［14］ 中国电力企业联合会．电力工程电缆设计标准：GB 50217—2018
［S］．北京：中国计划出版社，2018.

［15］ 中国电力企业联合会．高压电缆选用导则：DL/T 401—2017［S］．

北京：中国电力出版社，2017.

[16]　秦家远，刘赟，孙利朋.110kV GIS 电缆终端带电检测诊断与分析 [J].湖南电力，2019，39（2）：30 - 32，52.

[17]　蒋沁知，肖懿，胡露.110kV 主变侧电缆终端带电检测异常原因及防范措施分析 [J].电线电缆，2020（6）：35 - 38.

[18]　程序，陶诗洋，王文山.一起 110kV XLPE 电缆终端局放带电检测及解体分析实例 [J].中国电机工程学报，2013，33（S1）：226 - 230.

[19]　国家电网公司运维检修部.电网设备状态检修技术应用典型案例 [M].北京：中国电力出版社，2012.